然艺的重工绕线首饰基础教程

然艺 著

同济大学出版社
TONGJI UNIVERSITY PRESS

中国 上海

闪闪发光的每一天

　　手作是什么？相信每个人心里都有不一样的答案。大到家具，小到首饰，手作几乎无所不包——每个人都是生活的艺术家，每一天都是闪闪发光的一天。"小造·物"希望给大家呈现不一样的手作——手作已经不是一种新的流行，而是一种本来就该如此的生活方式，是丰富的内心世界，是对生活的独特回应。

　　很荣幸成为"小造·物"的主编，起初我和编辑没有想得太远，但当做完第一本书，发现手作能有更多意义。职业手作人依然还是个小众的职业，但每个手作人的内心却有大大的能量——通常手作人都有一种"独立精神"，从设计到制作，从技法到表现，形成了每个手作人独特的风格。目前国内已经形成一定规模的职业手作人的圈子，但基本上都还是以独立艺术家的形式运作，即便是成立工作室，团队的人数也极其有限。要找到手作的生存空间，职业手作人既要追求艺术的独立性，又要了解当代的市场需求；既要接触不同的艺术表达方式，又要有坚持原创的勇气；既要钻研独创的技术，又要保持对外发声。

　　"小造·物"将不同的职业手作人、独立艺术家带到大家的身边，分享各种美的表达，传递创作者的情绪与感受。每一本手作书，都集合了每位职业手作人的创意和技术，是每位独立艺术家多年积累的对生活的观察、对美的理解和对自我的思考——这些对于手作人的创作而言，缺一不可。每一个教程，大家看到的都是流畅的制作过程，但在这背后，是无数个冲动、无数个失败重来，是创作者的小设计和小心机，希望大家能体会到。

　　这样看来，"小造·物"不仅仅是职业手作人、独立艺术家的小世界，或许未来，"小造·物"将突破圈层，不断对话、合作、流动、生长，连接更广阔的世界。这是我对"小造·物"的期望，也是我对手作艺术的期望。更希望大家，都能拥有闪闪发光的每一天！

纸蔷薇
职业手作人、独立绕线艺术家
2021 年 7 月 10 日

刘老师，永远的神！

认识圈子里的大佬，都是先从认识大佬的作品开始。2015 年，我还是个萌新，甚至都没接触过绕线这个小圈子，当我在网上看到然艺（我叫他刘老师）的绕线作品，简直是打开了新世界——绕线竟然可以这样表达自己的设计！国内已经出现这么厉害的大佬了！后来我就一直关注刘老师的作品和动向。再之后我选择进入绕线行业，成为一名职业手作人和独立绕线艺术家，虽说有各方面的因素，但刘老师带给我的触动绝对是一个强大的动力。

当我成为"小造·物"系列的主编，想到有一天能给刘老师写序，就很兴奋。一开始还不确定要写些什么，当我看到刘老师的部分稿件，心绪澎湃。看完文字部分，我发了很久的呆，一方面，感叹于他对重工绕线的理解，这让我不由自主开始思考自己的绕线风格和技巧；另一方面，字里行间能感受到刘老师特别真诚，他毫无保留地想同大家分享他的绕线思路，干货满满。

职业手作人想要讲清楚自己的思路想法，剖析自己的风格内核，是件很难的事情，而想要让大家理解并产生共鸣，则是件更难的事情。但刘老师做到了。也许很多人看完这本书会觉得很难，不易上手，但这绝对是一本可以经得起反复研究、反复推敲的书——它不仅仅是一套刘老师个人作品的教程，更是一本能帮助人家更好理解和掌握绕线思维，为大家自主创作提供新方法、新思路的启蒙书。"授人以鱼，不如授人以渔"，刘老师是永远的神。

这本书的十个教程，由浅入深，每个作品的结构、体量、规则、空间等元素都配合得恰到好处，每个步骤都有它的意义。看完刘老师的教程，我思考了很久，开始独立创作后，我也时常被创意、思路、技术、主题、表达等困扰，遇到瓶颈时，可能很久

都会处于"卡壳"的状态，但在看到刘老师对绕线的理解后，深有感触——不同的思维会产生不同的表达，不同的表达又会累积形成不同的风格，而各异的风格也许就是创作者的归宿。

特别佩服刘老师对动物题材的表达，具象设计是我的短板，但刘老师就是做什么像什么，神形兼备，简直是奇思妙想！不过，刘老师喜欢动物和我喜欢动物的方式倒真是不一样——我会养八只猫，而刘老师能用绕线做无数个动物！这已经不单单是喜欢，更是热爱，对绕线、对生活、对美的热爱。

我觉得以后得叫然艺"3D 刘"，他已经不是我过去认识的刘老师了，他在我心中已经升华了。

纸蔷薇
职业手作人、独立绕线艺术家
2021 年 7 月 10 日

目录 CONTENTS

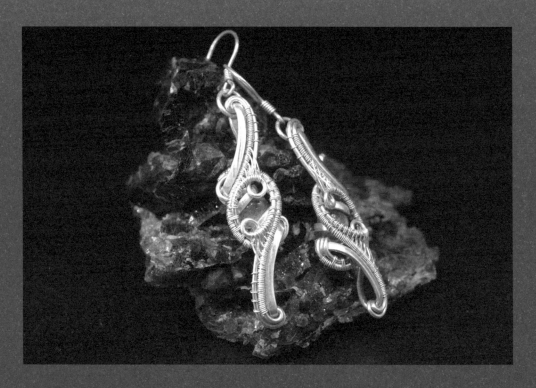

然艺带你了解重工绕线首饰

我第一次接触绕线是在 2014 年，无意间在网上搜索到一些国外的绕线首饰作品，瞬间就被绕线首饰独有的设计风格、制作技法和细节表达所吸引。从 2015 年我便开始自学绕线，尝试过很多不同的风格，如哥特风、叠线风、复古风、中国风等，尤其喜欢重工绕线的玩法。重工绕线最早流行于欧美国家，深受欧美装饰图案影响，作品多以曲线为主，结构层次丰富，表达富有张力。重工绕线的技法也借鉴了许多其他品类的首饰制作工艺，比如卡石方法（固定宝石的方法）就大量仿效了镶嵌的技法，制作结构框架时会吸收金工制作的一些思路，在一些作品中也能看到雕金艺术品的影子。

重工绕线的"重工"并不是指作品的复杂程度，而是指重工绕线这种设计风格。重工绕线的作品相较于其他的绕线风格有其独特的技法和设计思路，往往会组合和变化多种基础绕法，创新卡石方法，注重绕线首饰的结构和层次，风格独特，创作空间大，正是我为之着迷的地方。

重工绕线的特点可以分为三点

特点一是讲究搭配

这里说的搭配主要是指不同绕法的搭配，在制作重工绕线首饰时，多种绕法的组合能够呈现丰富的细节变化，增加作品的层次。除了绕法上的搭配，还有各种宝石和宝石原石的搭配，重工绕线常用到各种宝石原石，原石与精细切割后的宝石搭配，能够平衡作品的力量感和精致感。在创作中还可以发挥想象力，搭配不同材质的线材，利用材质的对比表达作品的细节，常用的线材有紫铜线、黄铜线、银线和包金线，还可以通过做旧手法增加金属的质感。

特点二是重工绕线特有的卡石方法

重工绕线的卡石方法仿效了镶嵌的技法，但与镶嵌不同的是，重工绕线不需要复杂的专业焊接工具，只用金属线相互缠绕即可固定宝石，不用焊接也能有很好的视觉效果。常用的卡石方法有单线卡石、四线卡石、仿群镶卡石、仿爪镶卡石、仿包镶卡石等，还有很多非常规卡石方法。

特点三是重工绕线特有的结构

重工绕线的结构与其他风格的结构区别较大，其他风格的结构多是单层或多层结构叠加而成，每一层的线条相互交错、缠绕，共同形成作品的结构框架和形态。重工绕线的结构则有明确的功能性，基本可以分为上下两层：上层为装饰层，包含多种绕法的装饰线和小的装饰宝石；下层为框架层，可以理解为固定装饰层的地方，装饰层在完成装饰功能后，余线需要在框架层上收尾，框架层能够隐藏余线并起到很好的固定作用，在一些作品中，框架层还有固定主石、决定整体结构的作用。这种功能明确的上下层结构是重工绕线最突出的特点，且变化丰富，有较大的创作空间。

我理解的重工绕线分为设计和技法两方面，设计和技法也是相辅相成、共同精进的，学会新的技法可以创作出新的设计，而当有了新的设计想法也会促使玩家去学习、创新更多的技法。随着玩家设计和技法的成熟，可以在设计上寻求突破，如可以设计出立体的结构；也可以在技术上寻求突破，如借鉴其他首饰制作工艺去创新绕法和卡石方法，这些都有助于形成每个玩家独树一帜的风格。

熟练运用重工绕线首饰的技法和结构，既可以实现抽象的设计也可以实现具象的设计。重工绕线的技法相较于其他风格更能够契合我的设计，在制作的过程中我会把线想象成笔，用线的不同绕法和组合搭配构建点、线、面的关系，从而实现设计的体块感。对重工绕线的结构稍作改变，还可以制作出立体的作品，这些都是基于重工绕线对结构和点、线、面、体的塑造上的。

我做重工绕线更偏向做具象的设计，由于我喜欢动物，常会以动物作为设计的主题，在制作动物主题的作品时需要塑造动物的神态、姿态，并通过合理的结构实现形态。重工绕线相较于其他风格更具立体感，其他风格多以平面的线条设计为主，而重工绕线更强调面和体积，这点在制作具象设计作品时尤为明显，重工绕线可以很好地表现出动物的神形和立体关系，让作品有一种半浮雕的生动感。

我在做抽象的重工绕线设计时，多以曲线为主，充分利用线材的延伸感和交错感，通过不同绕法的组合，在从点、线、面到体的过程中形成层次和韵律。重工绕线在宝石的选择上十分灵活，主石可以选择各种形状、各种切工的宝石，在制作时，用弧线将宝石固定在框架层上，再围绕主石增加曲线的装饰，这种装饰包括由基础绕法组合而成的装饰性线条，也包括小的装饰宝石。装饰宝石多选择各色的圆形刻面宝石或圆形蛋面宝石，装饰宝石的加入能够呼应主石，使作品整体更富表现力。

抽象的重工绕线作品造型灵活多变，有时也会以宝石原石为主石，宝石原石作为主石的重工绕线作品有一种独特的粗犷与自然的另类美感，极具个性张力。抽象设计中常用的宝石原石有柱状原石和块状原石。柱状宝石呈细长柱状，如碧玺的原石和各类水晶的晶柱，当用这类原石作为主石设计时，可以强调线条的延伸感，凸显作品修长的造型。常用的块状原石有矩阵石榴石、玛瑙原石、陨石和各种小块的晶簇，当用块状原石作为主石设计时，可以将整体设计成椭圆或是水滴的形状，强调主石的块面感。除了这两类常用的原石外，在设计中还会用到一些异形原石，如化石、异形的欧泊原石等，在造型上需要根据宝石的形状随形施艺，灵活设计。

这本书从我对重工绕线的理解出发，介绍了重工绕线的基础技法及应用，比较适合有一定基础的玩家，即对绕线有些了解，已经掌握一到两种绕线方法的新手朋友们。大家可以通过这本书学习更多的技法，更重要的是认识重工绕线独有的结构。我总结了在工具、材料的选择与处理上的一些经验，希望能帮助玩家打好基础、少走弯路。技法部分主要介绍了在案例教程中出现的绕法和卡石方法，也给出一些拓展的绕法供大家组合搭配。十个案例教程由浅入深，讲解重工绕线的设计思路和技法实践，前五个案例以基础绕法的运用为主，帮助玩家巩固技法，从第六个案例开始逐渐引入重工绕线的结构概念，通过结构的变化深入拆解重工绕线的设计内核，玩家可以通过不同的结构举一反三，最终尝试实现自己的设计。

工具、材料的选择与处理

O1 常用工具

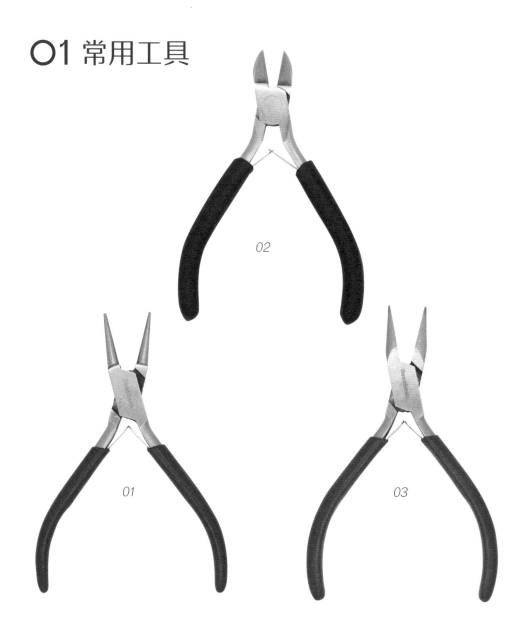

01 **圆口钳**：主要用于制作曲线，利用钳口的弧度可以很好地调整曲线的形状。   02 **剪钳**：主要用于剪断线材。   03 **平口钳**：主要用于制作线的硬转折，由于钳口的转角是直角，可以将线折出锐利的折角。

04

06

05

07

04 戒指棒：需要配合戒指圈来使用，用戒指圈测量手指的粗细，将确定好的戒指圈套在戒指棒上得到相应的刻度，在制作戒指时将线缠绕在对应的刻度做出戒臂。　05 戒指圈：测量手指粗细的工具，每个戒指圈上都有相对应的编号，一个编号对应一个尺码。　06 平锤：主要用于锤平线材，锤平后的线材在一根线上能够呈现出粗细、宽窄的变化，需要配合铁锭一起使用。　07 铁锭：配合平锤使用，保护桌面。

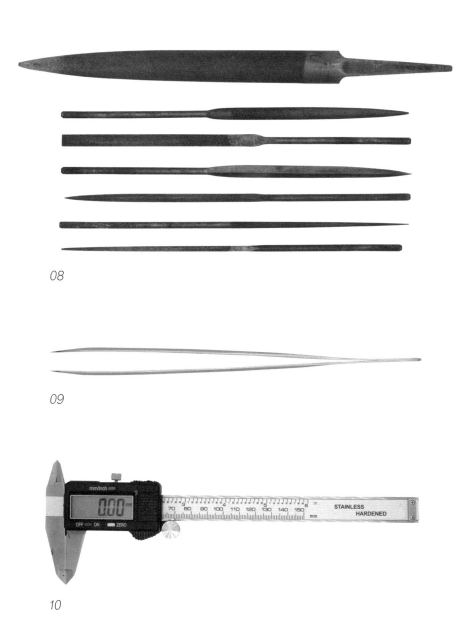

08

09

10

08 锉刀：主要用来打磨线头，在制作过程中粗线的线尾或断口都需要打磨光滑。 09 镊子：
在复杂作品的制作中可以夹住很细的线头。 10 游标卡尺：可以方便地测量宝石的尺寸和线
的尺寸。

11

12

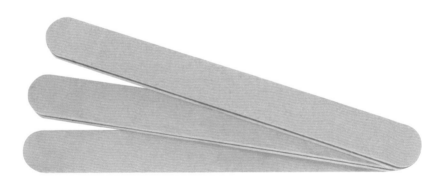

13

11 胶水：主要用来粘宝石或珍珠，在制作过程中 2—3mm 的小宝石可以用胶水辅助固定。
12 做旧液：使银线或铜线快速氧化，呈现深灰色或古铜色的旧化金属质感。　**13 抛光棒**：
抛光棒有粗糙和细腻两面，可以对作品做打磨、抛光处理，呈现更强的金属光泽。

O2 常用线材

(1) 按材质分

紫铜线

紫铜线的硬度稍强于 S999 银线,可塑性强。用紫铜线制作的重工绕线作品会呈现出一种独特的粗犷和原始的另类美感,紫铜线做旧后质感更具个性的张力。由于紫铜线的售价较低,手感很接近 S999 银线,很适合新手朋友们练习时使用。缺点是除了圆形截面的紫铜线外,方形截面和半弧形截面的紫铜线不容易买到。

包金线

包金线分为软线和半硬线,包金软线的硬度几乎和紫铜线一样,便于塑形和缠绕,包金半硬线的硬度和 S925 银线类似。在作品中加入包金线,可以形成不同金属色的搭配,质感上更加丰富,创作空间更大。

银线

银线根据含银量不同,分为 S999 银线和 S925 银线。S999 银线就是含银量为 99.9% 的银线,S999 银线硬度不高,可以反复弯折而不断线,非常适合制作重工绕线复杂的造型,本书中使用的线材多为 S999 银线。S925 银线是指含银量为 92.5% 的银线,S925 银相较于 S999 银有更高的硬度,在制作重工绕线时多用于制作框架层。银线线材易氧化,氧化后发黄变黑,用擦银布、抛光棒处理,可以恢复表面光泽。利用银线易氧化的特性,用做旧液快速氧化做旧,打磨、抛光后,光暗面突出,更有层次和冲击力。

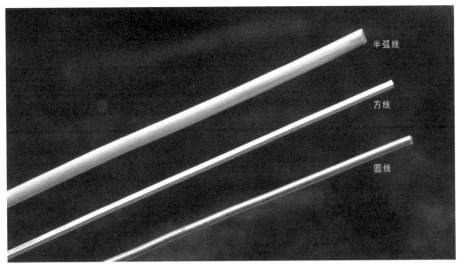

(2)按截面分

□　方线

截面为正方形的线材，方形的截面增加了线材与宝石的接触面积，常用于制作卡石结构和框架层，在方线上做 0 字绕固定效果更好，整个结构更加稳固。

*TIPS

方线常用 0.5mm、0.6mm、0.7mm、0.8mm、1mm 的线径规格，0.5—0.7mm 的方线多用于制作卡石结构，越小的宝石用的线越细，0.8—1mm 的方线多用于制作框架层。

○　圆线

截面为正圆形的线材，圆线是最常用的线材，适合各种绕法。

*TIPS

圆线常用 0.25mm、0.6mm、0.8mm、1.0mm 的线径规格，不同粗细的线会呈现不同的效果，在实际应用中可根据设计灵活调整。

⌒　半弧线

截面为半弧形的线材，常用于基础的 0 字绕，半弧线相比方线和圆线能够呈现不同的韵律感，很适合作为装饰线，粗一些的半弧线也可以用在卡石结构中。

*TIPS

半弧线常用 0.8mm×0.3mm。

(3) 线材的处理方法

抛光

作品制作完成后，通常会用抛光棒进行抛光处理。线材表面相对平滑，用抛光棒光滑的一面在线材表面上反复摩擦，简单抛光就能达到很好的效果。抛光后的线材表面有很强的金属光泽，也可以让做旧后的线材恢复原本的颜色。

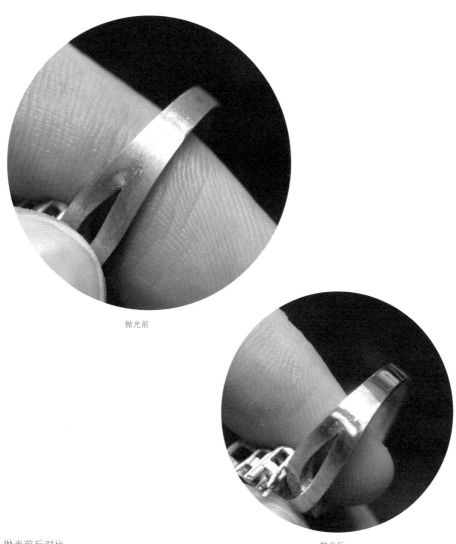

抛光前

抛光前后对比

抛光后

打磨

打磨的处理主要集中在线尾，粗线被剪钳剪断后，断口处比较锋利，需要用锉刀将锋利的尖角打磨平整，避免佩戴时受伤。

做旧

利用金属做旧液快速氧化金属表面，是重工绕线常用的一种线材处理方法。做旧后的线材呈现深灰色或古铜色的旧化金属质感，既可以避免作品发黄变黑，还带来一种粗犷的美感，很适合表达重工绕线的个性。金属做旧液具有一定的挥发性，在操作过程中可以佩戴手套，注意保护眼睛，详见《白羊座耳饰》教程（P72）。

砸线

用平锤在线材上敲击，可使线变宽，让一根线产生粗细的变化，使作品整体更富层次。注意每次落锤的位置，尽量避免留下锤印，保证线材表面平滑。

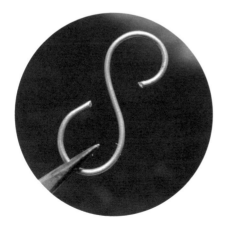
砸线前

砸线后

砸线后线条产生了粗细变化

基础绕法的提升

O1 0字绕及其提升

（1）0字绕

0字绕是用细线围着主线连续缠绕，0字绕也是最基础的绕法。

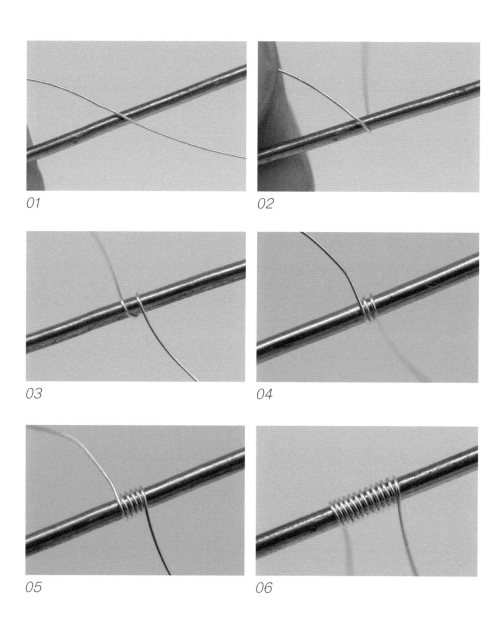

01

02

03

04

05

06

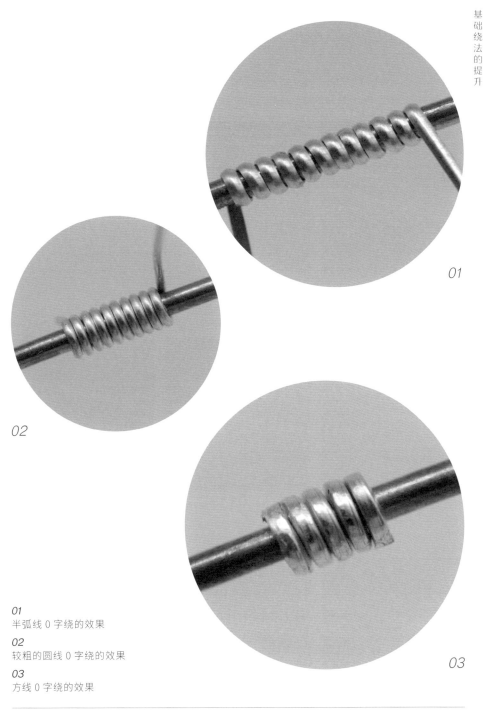

02

03

01
半弧线 0 字绕的效果

02
较粗的圆线 0 字绕的效果

03
方线 0 字绕的效果

*TIPS: 用不同截面、不同粗细的线材缠绕主线呈现出的效果也会不同, 在设计中可以灵活搭配。

(2) 双线0字绕

双线 0 字绕是在两条主线上连续缠绕的一种绕法，双线 0 字绕可以很好地填补两条主线之间的凹槽，绕完后两条线的表面会很平整。

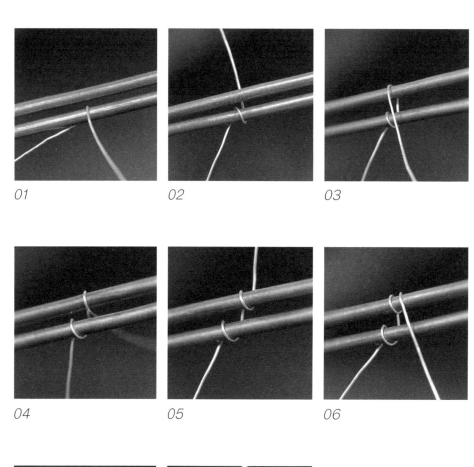

01

02

03

04

05

06

07

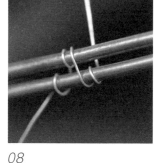

08

01-02
细线从下侧主线起线，在下侧主线上做一个 0 字绕，从两条主线的背面绕向上侧主线

03
绕到上侧主线，绕回正面

04-05
在上侧主线上做一个 0 字绕

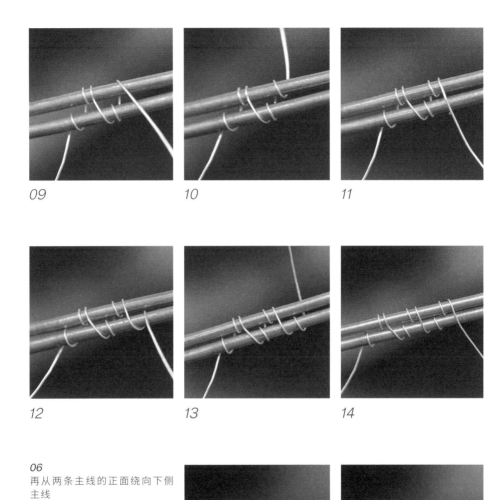

09

10

11

12

13

14

06
再从两条主线的正面绕向下侧
主线

07-13
重复步骤2—6，在两条主线间反
复缠绕

14
这里为了大家看得更清楚，将线
圈之间的距离拉大

15-16
在实际操作中，线圈之间要尽量
紧密

15

16

(3) 非对称双线 0 字绕

非对称双线 0 字绕是在两条主线上间断缠绕的绕法,这种绕法的固定作用大过装饰作用。

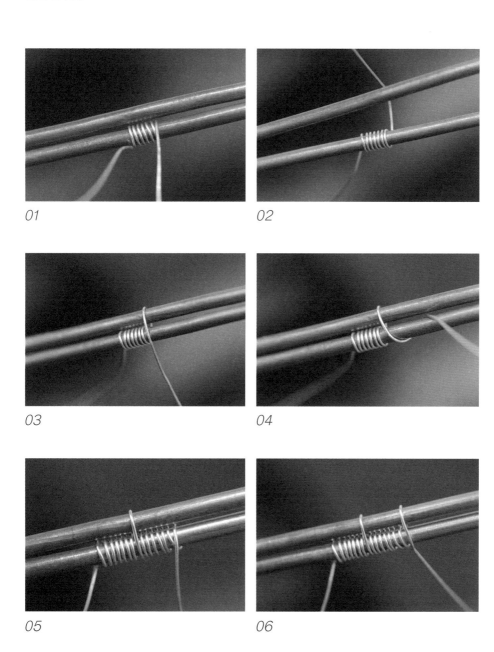

01

02

03

04

05

06

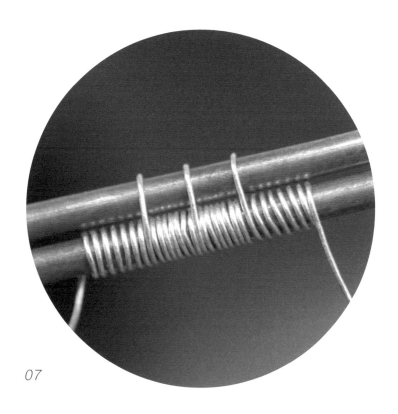

07

01
细线从下侧主线起线，在下侧主线上做七个 0 字绕

02-03
从两条主线的背面绕向上侧主线，同时缠绕住两条主线，在两条主线上做一个 0 字绕

04-05
绕回下侧主线，继续在下侧主线上做七个 0 字绕

06-07
多做几组就会呈现图中的效果

08
这种绕法变化较多，改变下侧主线上的 0 字绕个数，能够控制间距。同时缠绕两条主线时，还可以多缠绕几圈，如图中箭头处是在两条主线上做两个 0 字绕的效果

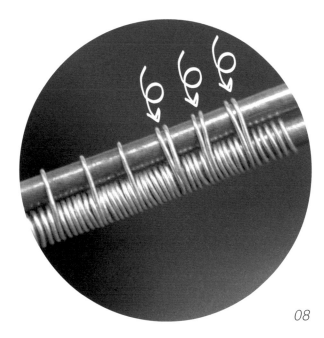

08

(4) 复合0字绕

复合 0 字绕由 0 字绕变形而来，通过对 0 字绕的多次运用，整体层次更加丰富，增加线条的体量感和精致度。

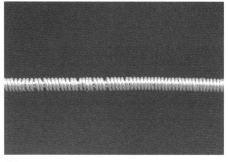

01

02

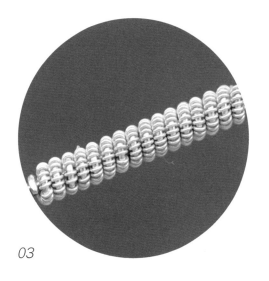

03

04

01
制作一段 0 字绕，内线为 0.6mm 圆线，外线为 0.25mm 细线

02
把这段绕好的 0 字绕，再次用 0 字绕的绕法，缠绕在一条 0.8mm 圆线上

03
缠绕好后就会呈现图中的效果

04
再取一条 0.6mm 圆线，缠绕在复合线圈之间，填补复合线圈之间的凹槽

05

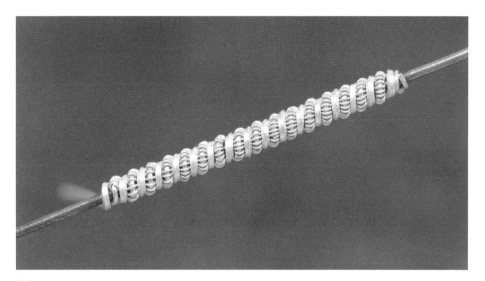

06

05
完成后如图

06
也可以把再次缠绕的 0.6mm 圆线换成更粗的线材或其他截面的线材, 会有不同的
效果

02 8字绕及其提升

(1) 8字绕

8字绕是基于两条主线的一种基本绕法,用细线在两条主线间交叉缠绕,可使两条主线合为一个整体,通过调整两条主线间的距离可以实现从线到面的转化。

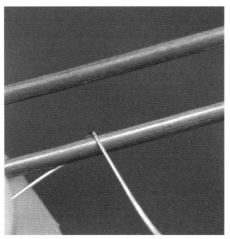

01

02

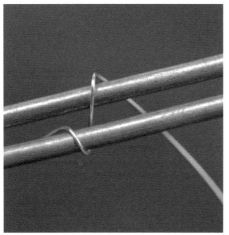

03

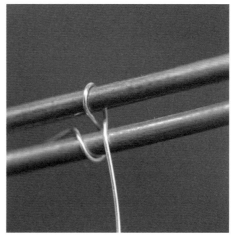

04

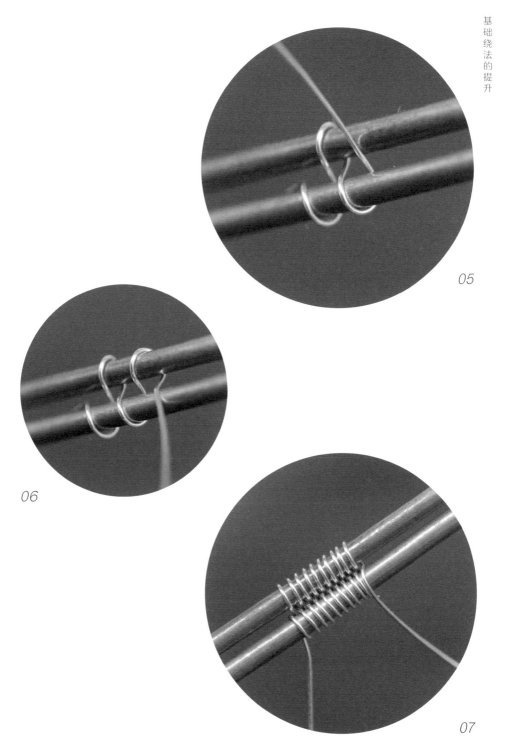

05

06

07

（2）08绕

08绕在8字绕的过程中增加0字绕，整体效果更有层次。

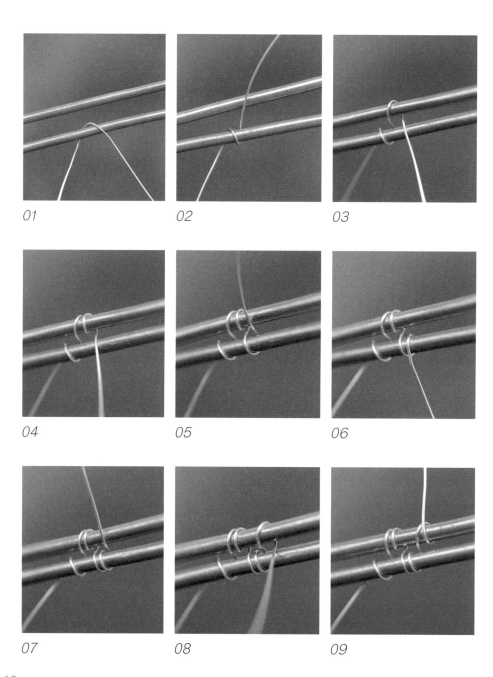

01

02

03

04

05

06

07

08

09

01-02

细线从下侧主线起线，在下侧主线上做一个 0 字绕，在两条主线的中间穿回正面，从正面绕向上侧主线

03

在上侧主线上做一个 8 字绕

04

再在上侧主线上做一个 0 字绕，在两条主线的中间穿回正面，从正面绕回下侧主线

05

在下侧主线上做一个 8 字绕

06

同样再在下侧主线上做一个 0 字绕

07-11

重复步骤 2—6，在两条主线间交叉缠绕

12

这里为了大家看得更清楚，将线圈之间的距离拉大

13

在实际操作中，线圈之间要尽量紧密

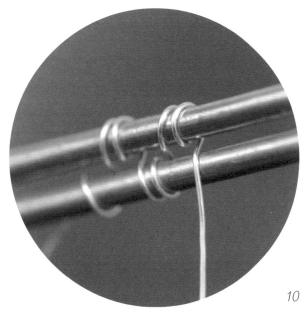

10

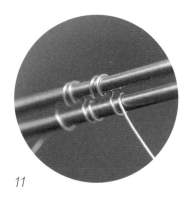

11

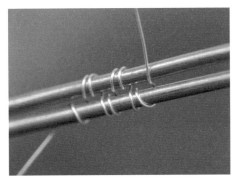

12

13

(3) 非对称08绕

非对称08绕是由08绕变化而来的一种绕法, 相比08绕, 非对称08绕增加了单侧主线的0字绕个数。常规的08绕是上下两侧主线各一个8字绕加一个0字绕, 非对称08绕是单侧主线一个8字绕加一个0字绕, 另一侧主线一个8字绕加N个0字绕。

非对称08绕所呈现的效果与非对称双线0字绕十分相似, 只是绕向上侧主线的方式不同, 同样也是固定作用大过装饰作用。

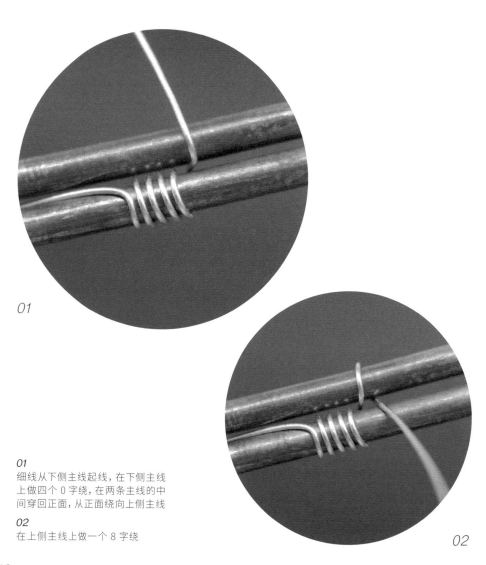

01

02

01
细线从下侧主线起线, 在下侧主线上做四个0字绕, 在两条主线的中间穿回正面, 从正面绕向上侧主线

02
在上侧主线上做一个8字绕

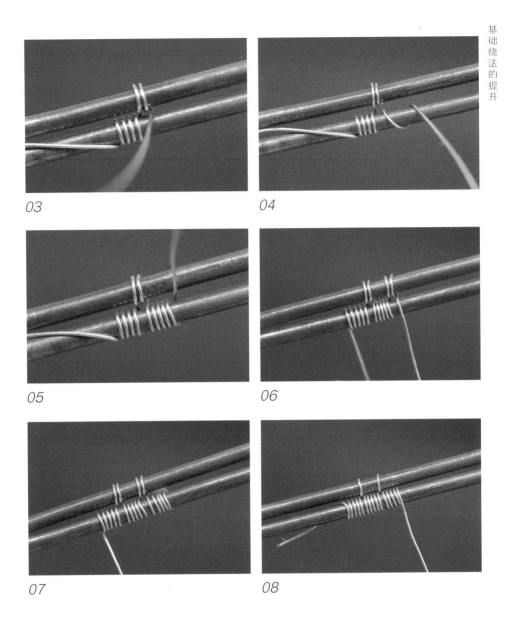

03

04

05

06

07

08

03
再在上侧主线上做一个 0 字绕，在两条主线的中间穿回正面，从正面绕回下侧主线

04-06
继续在下侧主线上做一个 8 字绕和四个 0 字绕，重复步骤 1—3

07
多做几组就会呈现图中的效果

08
改变下侧主线上的 0 字绕个数，能够控制间距。在与上侧主线缠绕时，也可以只做一个 8 字绕即绕回下侧主线，就会呈现图中的效果

(4) 08加线绕

08加线绕也是由08绕变化而来的一种绕法,相比08绕,08加线绕同时增加了上下两侧主线的0字绕个数,常规的08绕是上下两侧主线各一个8字绕加一个0字绕,08加线绕是上下两侧主线各一个8字绕加N个0字绕。

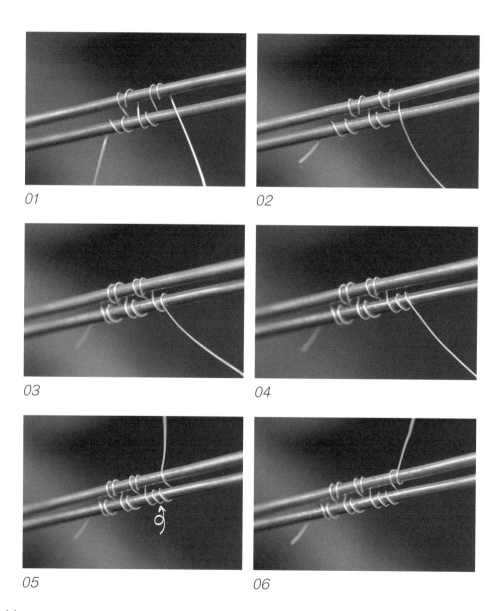

01

02

03

04

05

06

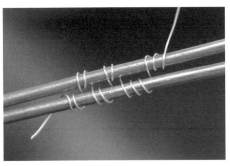

07

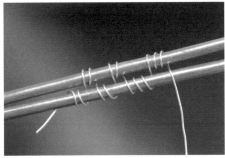

08

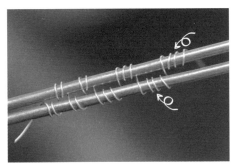

09

10

01-03
这里先做两组常规的 08 绕以便对比

04-05
同时增加上下两侧主线的 0 字绕个数, 如
图中箭头处增加了一个 0 字绕, 变成一个
8 字绕加两个 0 字绕

06-08
重复步骤 4—5

09
还可以再增加 0 字绕的个数, 如图中箭头
处是一个 8 字绕加三个 0 字绕

10
改变两侧主线上的 0 字绕个数, 能够控
制间距, 增加的 0 字绕越多, 两条主线
之间交叉线的距离就越大

11
在实际操作中, 线圈之间要尽量紧密

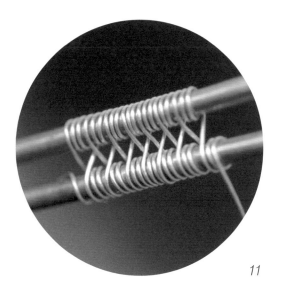

11

(5) 非对称08加线绕

非对称08加线绕是由非对称08绕变化而来的一种绕法，非对称08绕是在单侧增加了固定个数的0字绕个数，而非对称08加线绕则是在单侧增加了不固定个数的0字绕，形成上下两侧变化的效果，非常适合将弧线连接形成渐变的面。接近圆心的内侧主线更短，远离圆心的外侧主线更长，在外侧线上逐渐增加0字绕的个数就可以保持整体的紧密程度不变。

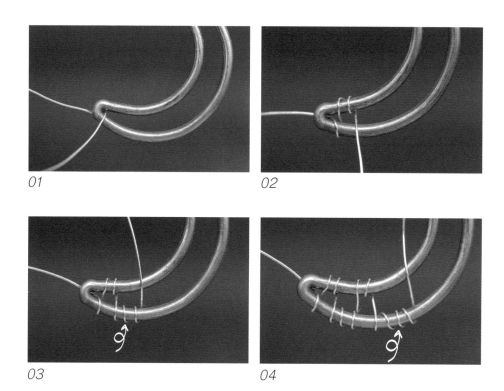

01

02

03

04

01-02
细线从外侧主线起线，在内侧主线上做一个8字绕加一个0字绕

03
在外侧主线上逐渐增加0字绕的个数，图中箭头处增加了一个0字绕，变成一个8字绕加两个0字绕

04
绕回内侧主线，在内侧主线上做一个8字绕加一个0字绕。下一组外侧主线加线时，图中箭头处再增加一个0字绕，变成一个8字绕加三个0字绕

05
在实际操作中，线圈之间要尽量紧密，根据弧度的变化调整0字绕的个数。一般来说，远离圆心的地方需要增加更多的0字绕个数，以保持交叉线间距的均匀。0字绕的个数也要逐步增加，最好不要出现一次增加两个或更多0字绕的情况，避免交叉线的间距突然变大，影响美观

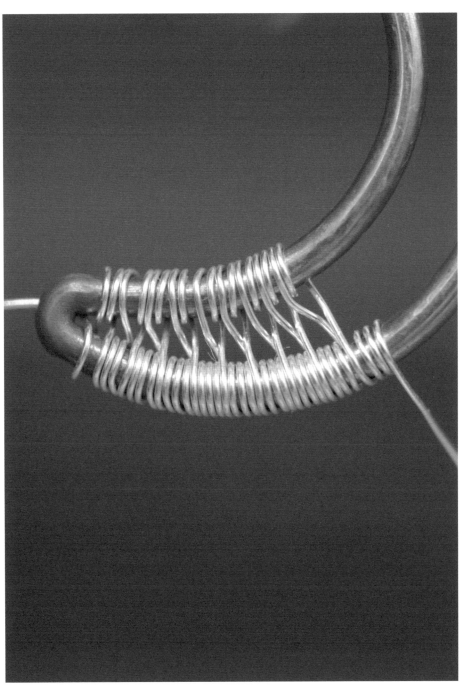

05

O3 多线绕法

（1）四线08组合绕

四线 08 组合绕法出现在《水滴形海蓝宝吊坠》教程（P102），这种绕法常用于制作吊坠扣头。在制作过程中，将上侧两条主线与下侧两条主线拉开一些距离，可以用夹线器或夹子夹住四条主线，保持间距不变。

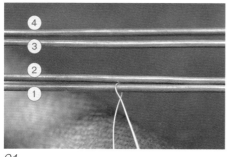

01

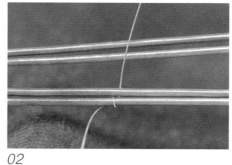

02

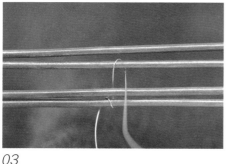

03

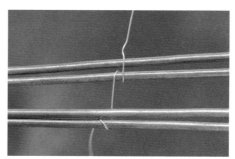

04

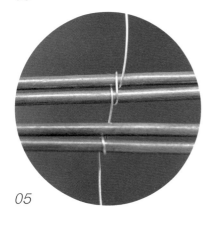

05

01-02

细线从最下侧的第一条主线起线，在第一条主线上做一个 0 字绕，从背面隔过第二条主线，在第二条和第三条主线的中间穿回正面，从正面绕向第三条主线

03

在第三条主线上做一个 8 字绕

04

从正面绕向最上侧的第四条主线

05

在第四条主线上做一个 0 字绕

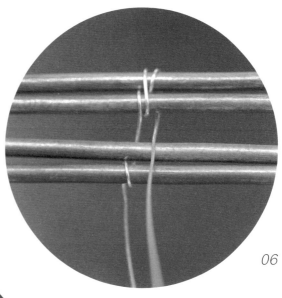

06

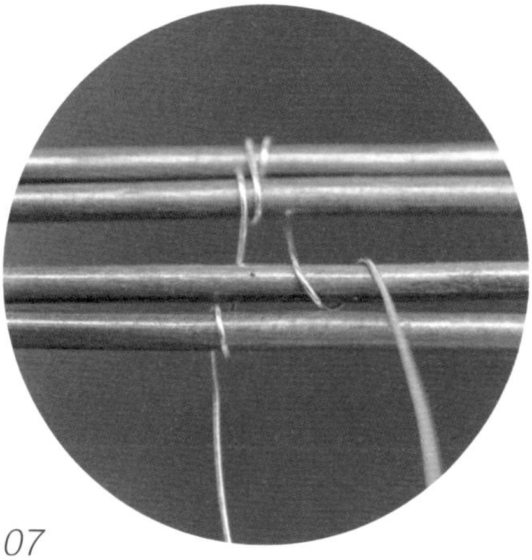

07

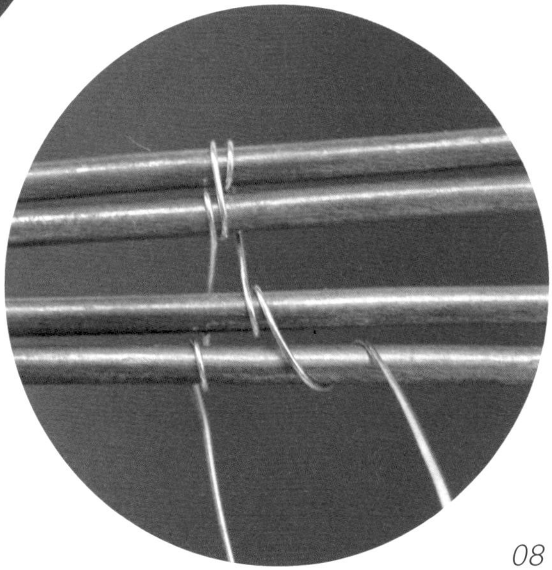

08

06
细线从第三条和第四条主线的背面绕回，在第二条和第三条主线的中间穿回正面

07
在第二条主线上做一个8字绕，从正面绕向第一条主线

08
在第一条主线上做一个0字绕

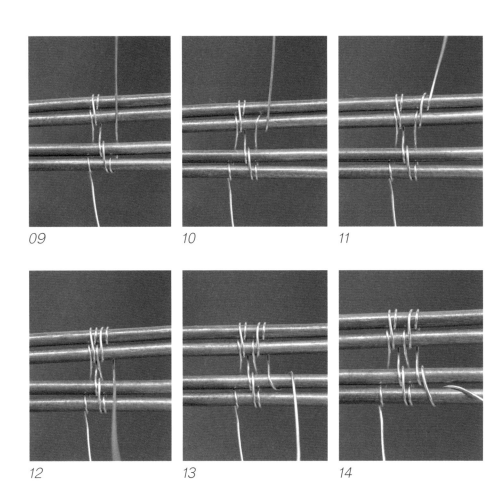

09

10

11

12

13

14

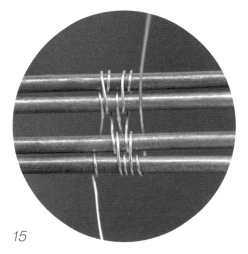

15

09-15
重复步骤 1—8

16-17
多做几组就会呈现图中的效果,
在实际操作中, 线圈之间要尽量
紧密

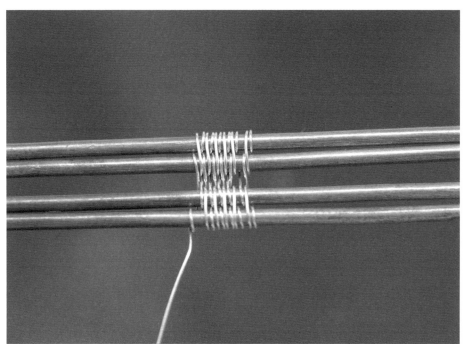

16

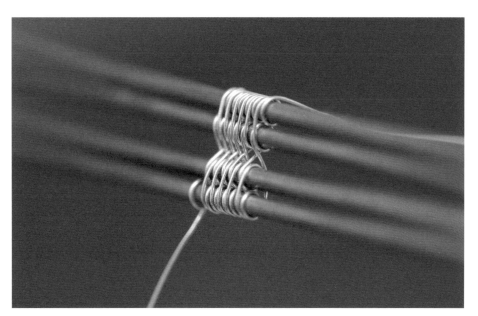

17

（2）多线平绕

多线平绕用细线在多条主线上连续缠绕，让分散的主线结合在一起形成面。这里取四条主线作为示范。

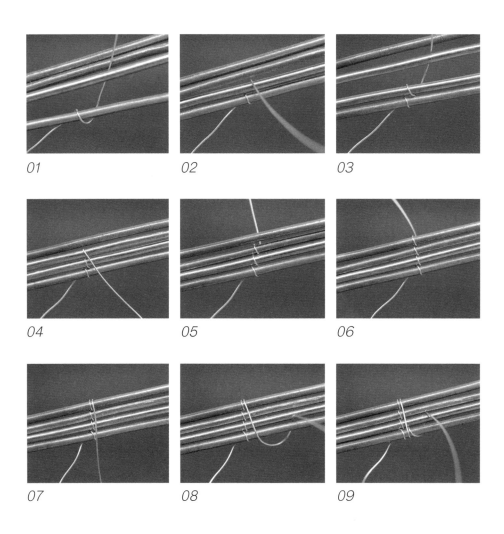

01

02

03

04

05

06

07

08

09

01-02
细线从最下侧的第一条主线起线，在第一条主线上做一个 0 字绕，从背面绕向第二条主线，在第二条和第三条主线的中间穿回正面

03-04
在第二条主线上做一个 0 字绕，从背面绕向第三条主线，在第三条和第四条主线的中间穿回正面

05
在第三条主线上做一个 0 字绕，从背面绕向第四条主线

06
在第四条主线上做一个 0 字绕，细线从背面绕回正面

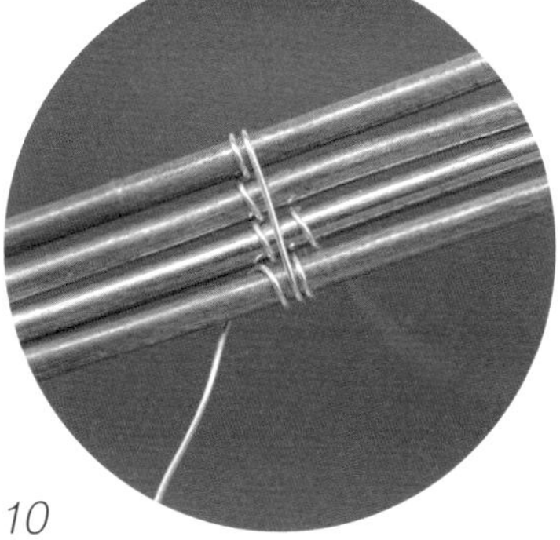

10

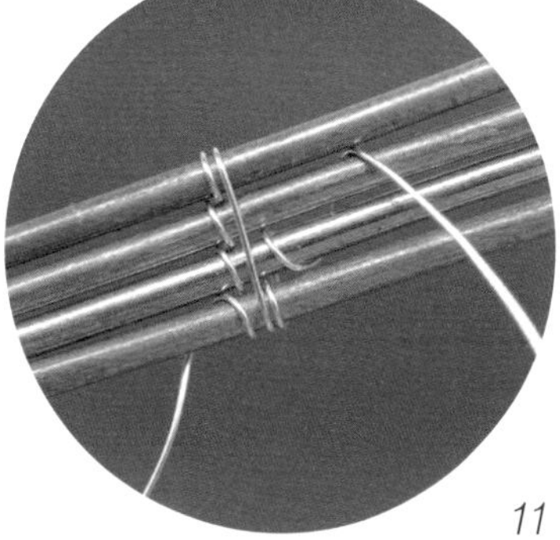

11

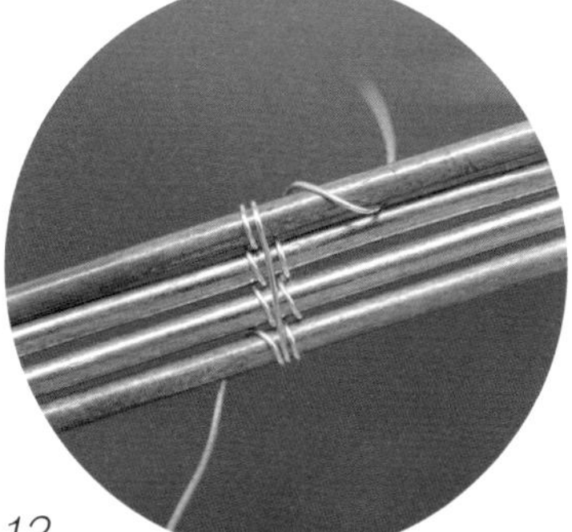

12

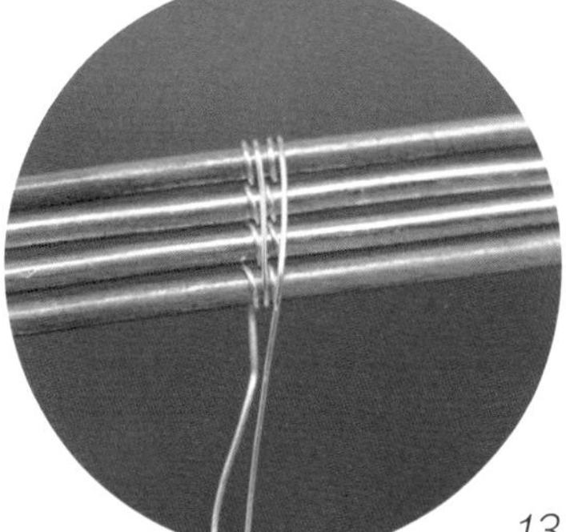

13

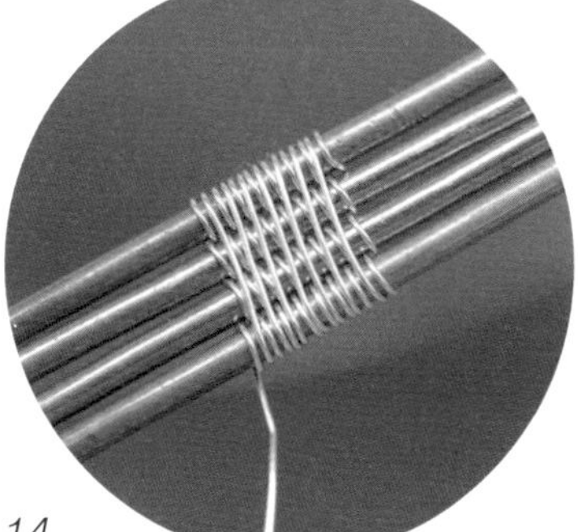

14

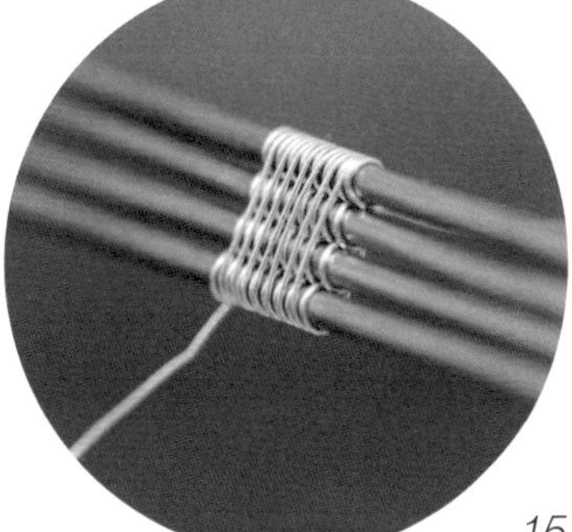

15

07

绕回正面的细线从正面直接绕向最下侧的第一条主线

08-13

重复步骤 1—7

14-15

多做几组就会呈现图中的效果,在实际操作中,线圈之间要尽量紧密

(3) 多线"之"字绕

多线"之"字绕用细线在多条主线上有规律地间断缠绕，能够产生规律的波浪效果。这里取四条主线作为示范。

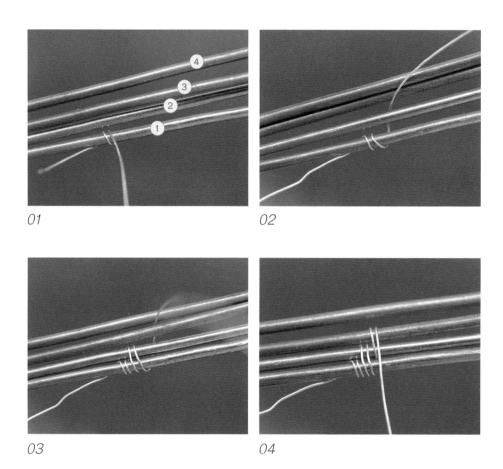

01

02

03

04

01-02
细线从最下侧的第一条主线起线，在第一条主线上做两个 0 字绕，从背面绕向第二条主线，在第二条和第三条主线的中间穿回正面

03
同时在第一条和第二条主线上做两个 0 字绕，从背面绕向第三条主线，在第三条和第四条主线的中间穿回正面

04-05
同时在第二条和第三条主线上做两个 0 字绕，在第一条和第二条主线的中间穿到背面，从背面绕向第四条主线

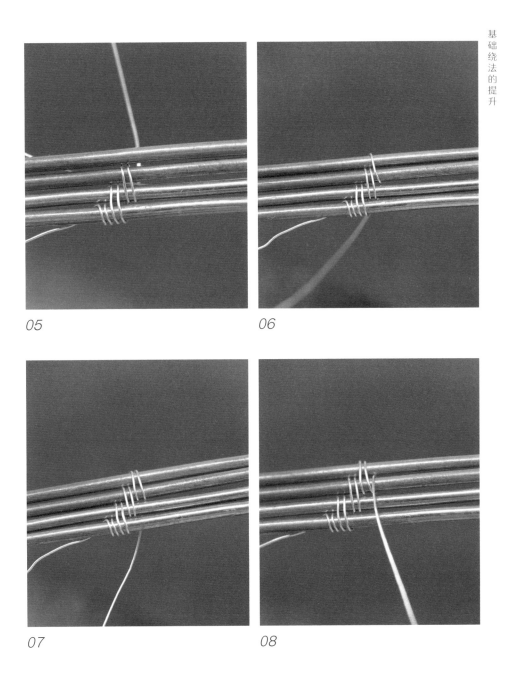

05

06

07

08

06-07
同时在第三条和第四条主线上做两个 0 字绕，在第二条和
第三条主线的中间穿到背面

08
在背面的细线从第三条和第四条主线的
中间穿回正面

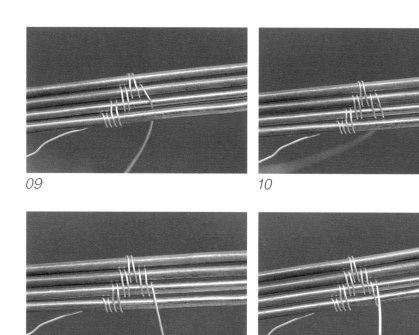

09

10

11

12

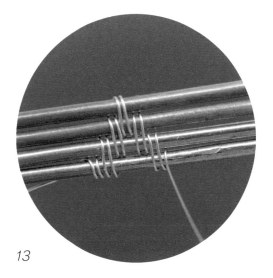

13

09-10

同时在第二条和第三条主线上做两个 0 字绕，在第一条和第二条主线的中间穿到背面

11

在背面的细线从第二条和第三条主线的中间穿回正面

12

同时在第一条和第二条主线上做两个 0 字绕，从第一条和第二条主线的中间穿回正面

13

在最下侧的第一条主线上做两个 0 字绕

14

一组完整的"之"字绕就完成了

15

重复步骤 1—14，多做几组就会呈现图中的效果，在实际操作中，线圈之间要尽量紧密

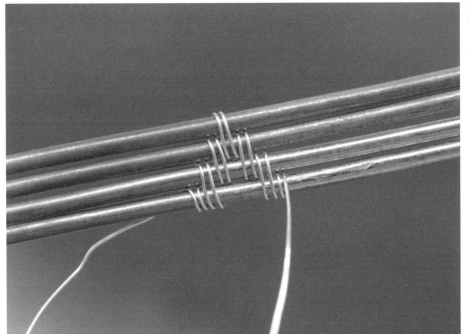

14

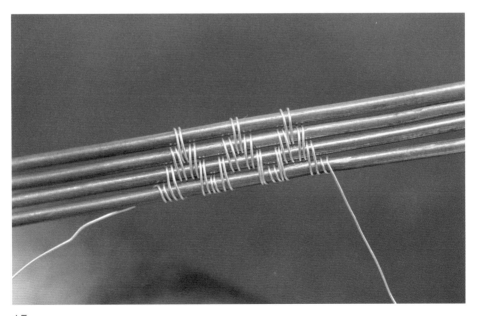

15

(4) 多线"山"字绕

多线"山"字绕是由多线"之"字绕变化而来的一种绕法，改变细线缠绕的规律，主线上就会呈现不同的纹样。

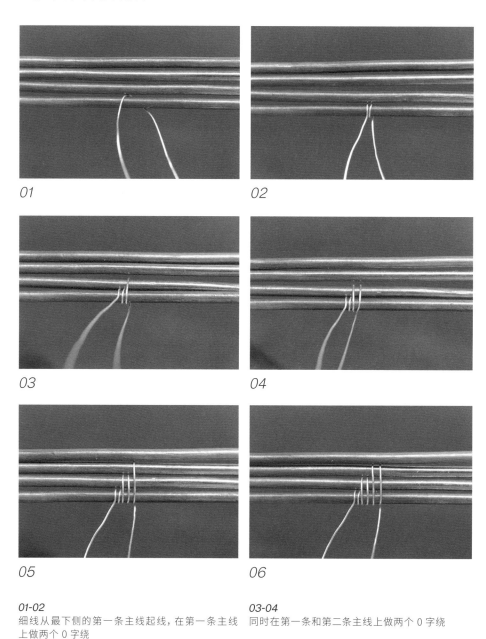

01

02

03

04

05

06

01-02
细线从最下侧的第一条主线起线，在第一条主线上做两个 0 字绕

03-04
同时在第一条和第二条主线上做两个 0 字绕

58

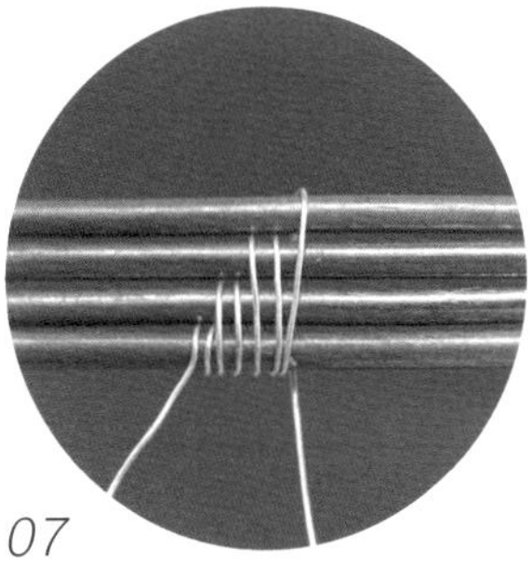

07

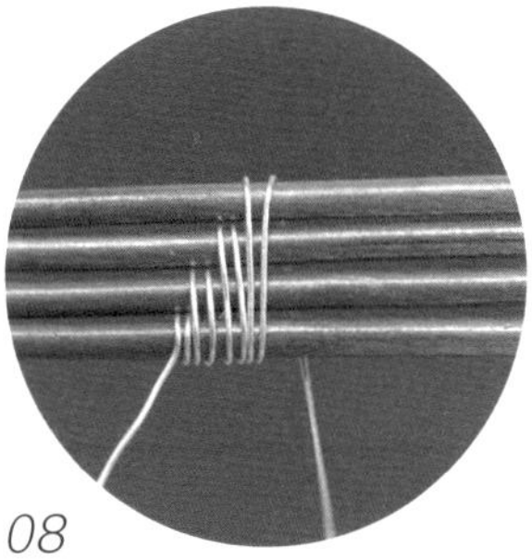

08

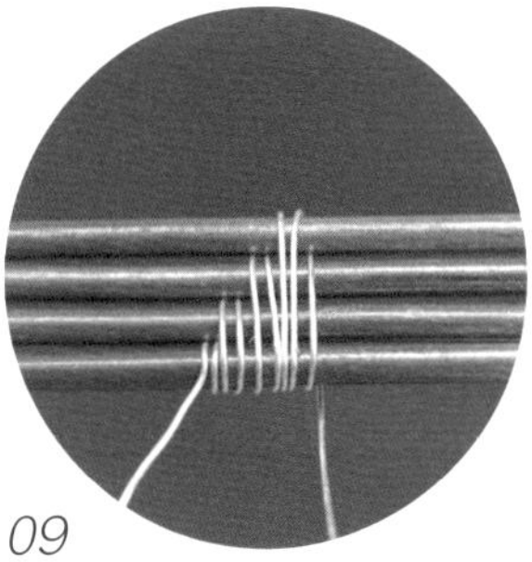

09

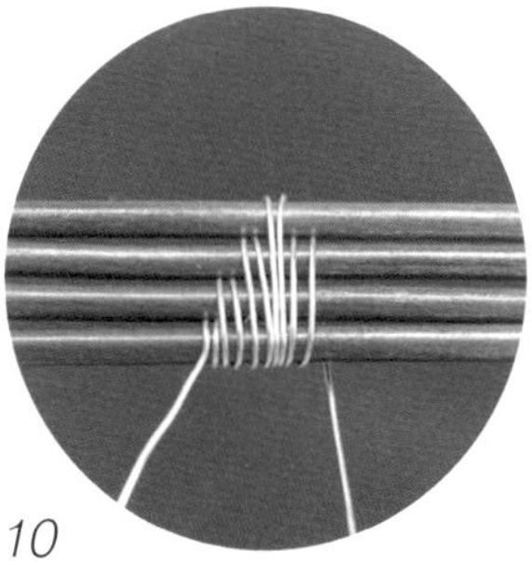

10

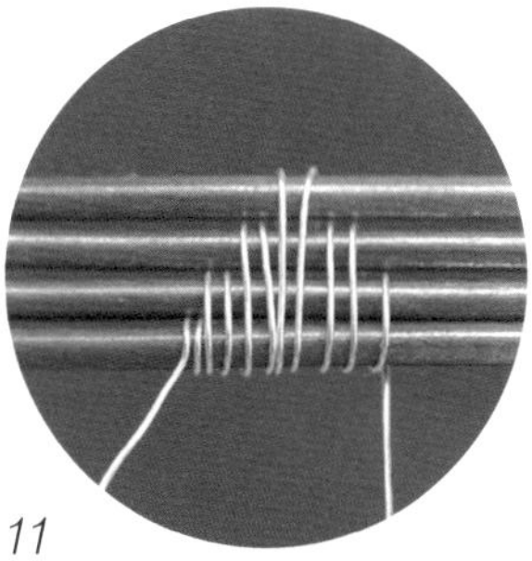

11

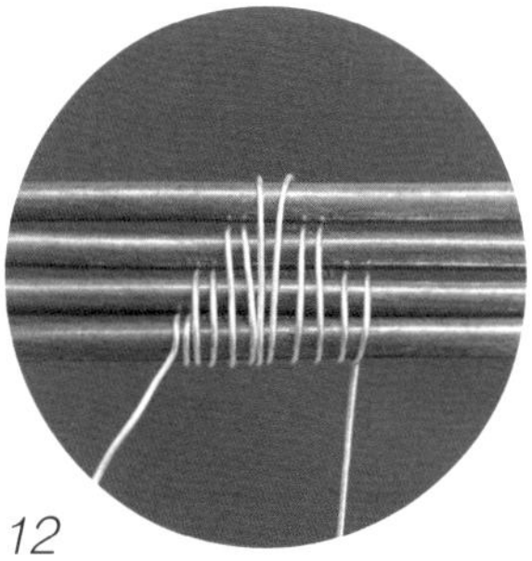

12

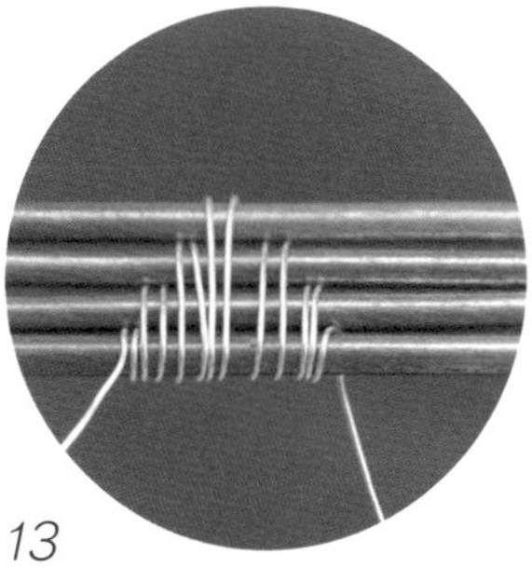

13

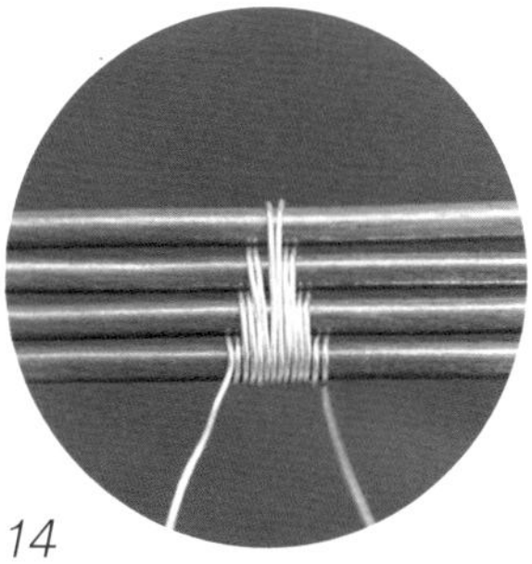

14

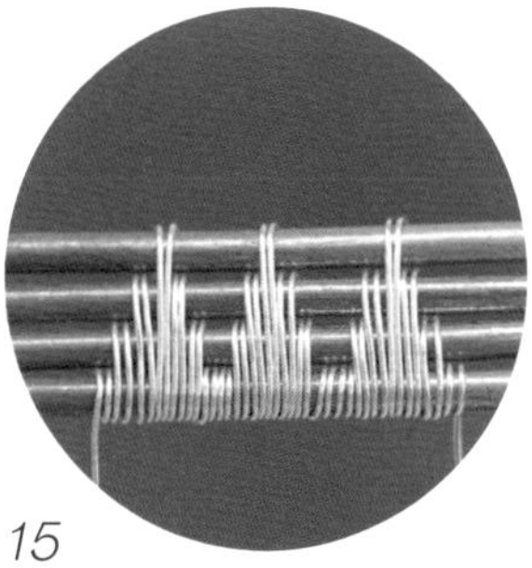

15

05-06
用细线缠绕第一条、第二条和第三条主线，同时在第一条、第二条和第三条主线上做两个 0 字绕

07-08
用细线缠绕四条主线，同时在四条主线上做两个 0 字绕

09-10
用细线缠绕第一条、第二条和第三条主线，同时在第一条、第二条和第三条主线上做两个 0 字绕

11-12
同时在第一条和第二条主线上做两个 0 字绕

13
在最下侧的第一条主线上做两个 0 字绕

14
在实际操作中，线圈之间要尽量紧密

15
重复步骤 1—14，多做几组就会呈现图中的效果

(5) 跳线

跳线是在保持绕法不变的情况下,固定新增主线的一种方法。在新增的主线上增加一个或多个 8 字绕,在原主线上保持原绕法。这里取两种跳线方法作为示范,一种是双线 0 字绕跳线,另一种是 08 绕跳线。

双线 0 字绕跳线

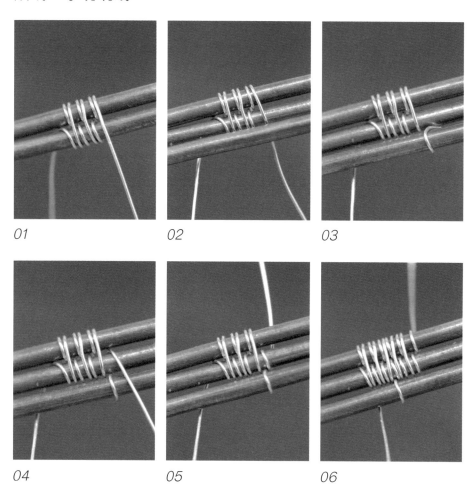

01

02

03

04

05

06

01
在两条主线上做几组双线 0 字绕

02-03
增加一条主线,细线在新增主线上做一个 8 字绕

04-06
绕回原主线,在原主线上继续做双线 0 字绕

08绕跳线

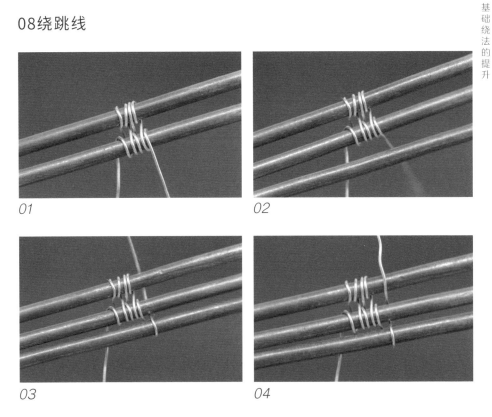

01

02

03

04

01
在两条主线上做几组 08 绕

02-03
增加一条主线，细线在新增主
线上做一个 8 字绕

04-05
绕回原主线，在原主线上继续
做 08 绕

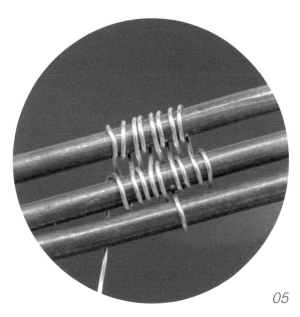

05

卡石方法的变化

O1 通孔珠的固定

将线穿过通孔珠，再将线的两端固定。通孔珠的固定是最简单的卡石方法，详见《青金石手链》教程（P82）。

02 单线卡石

单线卡石通过立体结构卡位，只用一条线固定宝石，是比较简单的卡石方法，详见《飞翼耳饰》教程（P150）。

03 仿爪镶

仿爪镶模仿了金工镶嵌工艺的爪镶，用线做出爪的样子固定住宝石。详见《多石吊坠》教程（P178）。

O4 四线卡石

四线卡石通过四条线形成上下两个框架来固定宝石。这种卡石方法固定的宝石可大可小，适用面广。

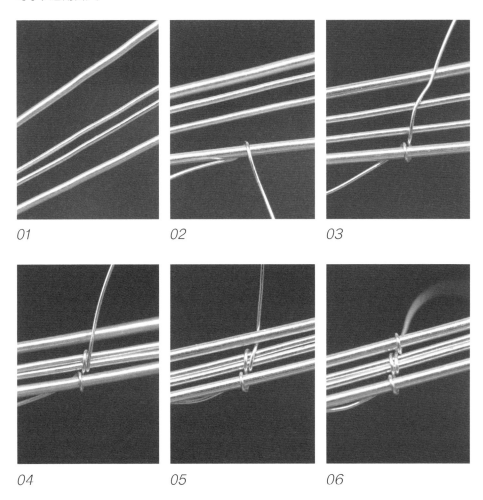

01

02

03

04

05

06

01
取四条主线，外侧的两条线为 0.8mm 圆线，中间的两条线为 0.6mm 圆线

02-03
细线从最下侧的 0.8mm 圆线起线，在 0.8mm 圆线上做一个 O 字绕，在 0.8mm 圆线和 0.6mm 圆线的中间穿回正面

04-05
同时在中间的两条 0.6mm 圆线上做两个 O 字绕，在 0.8mm 圆线和 0.6mm 圆线的中间穿到背面

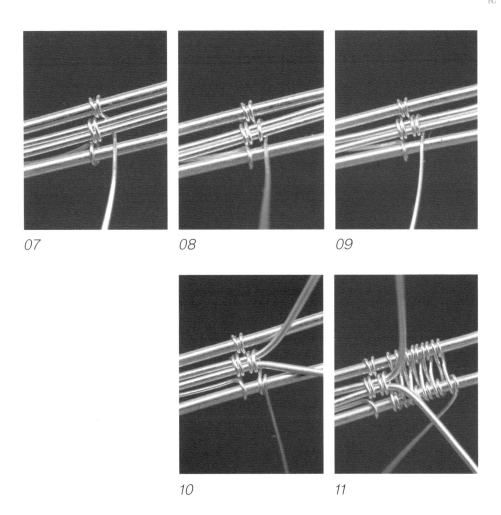

07

08

09

10

11

06-07
在最上侧的 0.8mm 圆线上做两个 0 字绕，在 0.8mm
圆线和 0.6mm 圆线的中间穿到背面

08-09
同时在中间的两条 0.6mm 圆线上做两个 0 字绕，在
0.8mm 圆线和 0.6mm 圆线的中间穿回正面

10
在最下侧的 0.8mm 圆线上做两个 0 字绕，
将中间的两条 0.6mm 圆线分开

11
细线在外侧的两条 0.8mm 圆线上做 08 绕

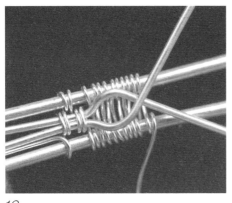

12

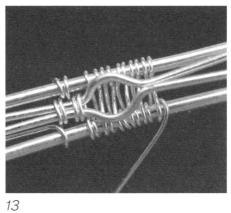

13

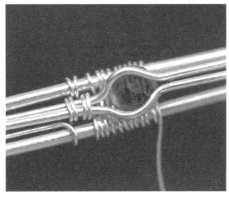

14

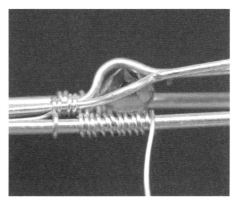

15

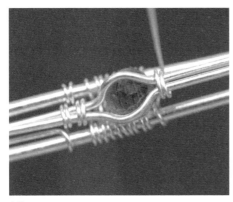

16

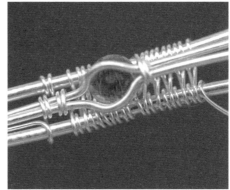

17

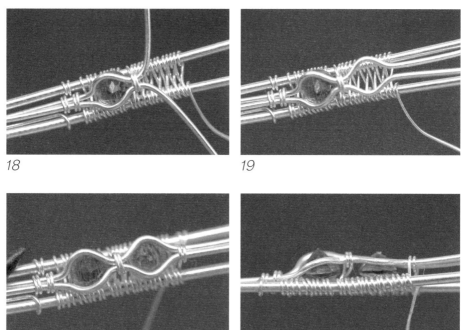

18

19

20

21

12-13
将分开的两条 0.6mm 圆线做出枣核形，在
交叉处转折，使余线平行

14
将准备好的 3mm 圆形尖底刻面宝石夹在
两层之间

15
从侧面看，这颗宝石是尖底朝上、平底朝下
倒着夹在两层之间，如果是平底蛋面宝石则
是蛋面朝上、平底朝下正着夹在两层之间

16
细线将中间的两条 0.6mm 圆线缠绕在一起，
缠绕后的细线绕向上侧的 0.8mm 圆线

17
继续在外侧的两条 0.8mm 圆线上做 08 绕

18-21
重复步骤 11—17

22
多做几组就会呈现图中的效果

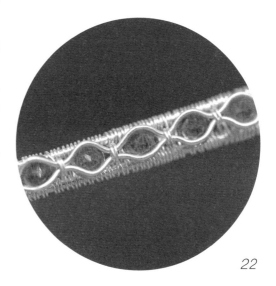

22

案例教程

O1
白羊座耳饰

 技能点

双线0字绕、
08绕、
跳线

 材料

0.8mm 圆线、0.6mm 圆线、
0.25mm 细线、开口圆环、银链、
耳钩

 工具

平口钳、圆口钳、
剪钳、做旧液、
镊子、瓶子、
抛光棒

* 本书中使用的线材如无特别说明均为 S999 银线

图纸①

图纸②

图纸③

24mm

16mm

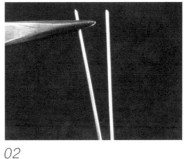

01

02

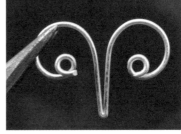

03

04

01
取一条 10cm 长的 0.8mm 圆线，
从中间对折

02
用平口钳把对折处夹紧，再稍微
分开

03
左右两侧的余线按照图纸①绕出
羊角的弧度，注意对称

04
用圆口钳在线尾做出小圆环，多
余的线剪断。此为结构①，注意
比对图纸，控制尺寸

05
再取一条 10cm 长的 0.8mm
圆线，在线的中点处做出一个小
圆环

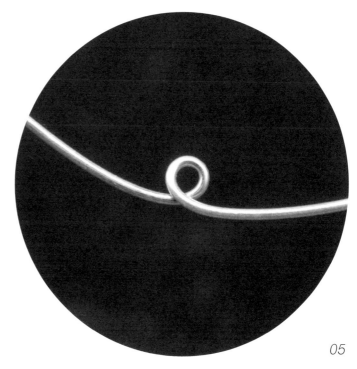

05

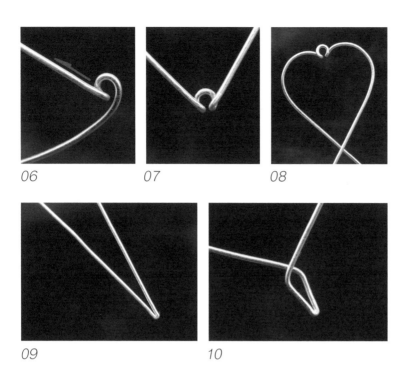

06   07   08

09   10

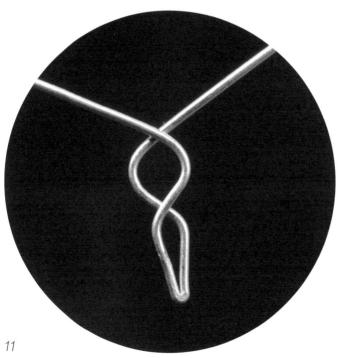

11

06
在圆环的接口处,用平口钳捏紧左侧余线,在垂直圆环的那个面向上对折

07
右侧余线同样向上对折

08
两条余线按照图纸②做出相应的曲线,此为结构②,注意比对图纸,控制尺寸

09
取一条12cm长的0.6mm圆线,从中间对折,用平口钳把对折处夹紧,再稍微分开

10
按照图纸③交叉左右两侧余线,注意形状

11
再次交叉,此为结构③,注意比对图纸,控制尺寸

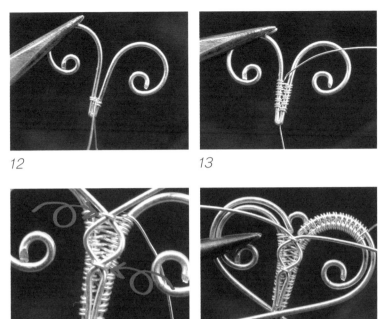

12

13

14

15

12
取一条40cm长的0.25mm细线，从结构①的下侧尖端起线，在结构①的两侧线上做08绕

13
做一段08绕，不要绕满，在合适位置加入结构③

14
用跳线的方法将结构③固定在结构①上，在结构③线条交叉的位置（图中箭头处）跳线，在结构①上继续做08绕

15-16
绕到上方弧线的位置，加入结构②，用剩下的细线在结构①和结构②的右侧做双线0字绕，将结构②的右侧固定在结构①上

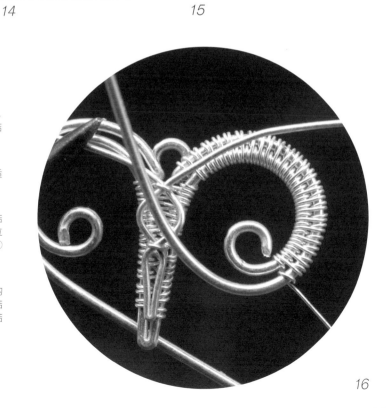

16

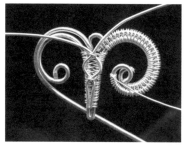

17

18

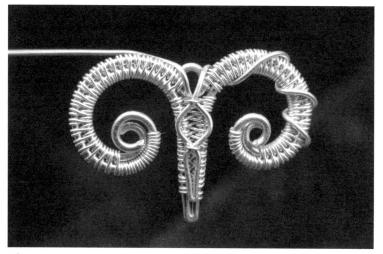

19

20

17
细线绕到羊角尖端时，结构②的余线向内卷，多余的线剪断

18
细线绕满后剪断，将结构③右侧的余线（红色线）缠绕在结构①和结构②上

19
再取一条 40cm 长的 0.25mm 细线，在结构①和结构②的左侧做双线 0 字绕，将结构②的左侧也固定在结构①上

20
将结构③左侧的余线缠绕在结构①和结构②上，耳饰的主体部分制作完成

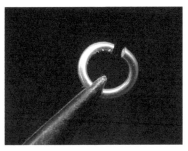

21

22

23

24

21
准备一个开口圆环

22
还需要一小段银链子

23
将银链穿过开口圆环，固定在耳
饰顶部的圆环上

24
银链的另一端固定在耳钩上

25
同样方法制作另一只耳饰，注意
对称

25

26
这是做旧液

27
还需要一个小瓶子

28
将做旧液倒进瓶子里，做旧
液原液为棕红色，浓度很高

29
可以用清水稀释做旧液，清水与
做旧液的比例为4：1—5：1，稀
释后的做旧液需过耳饰

30
将耳饰浸泡在做旧液中，很快就
会变成黑色

26

27

28

29

30

31

32

33

31

捞出擦干

32

用抛光棒粗糙的一面打磨，会露
出部分线材的本色

33

用抛光棒细腻的一面抛光后，这
款耳饰就制作完成了

白羊座耳饰通过不同基础绕法的组合，将多个结构固定为一个整体，利用多种绕法的搭配呈现丰富的细节。做旧液做旧后再抛光，作品呈黑白两色，增加了作品的层次感。

O2
青金石手链

 技能点

通孔珠的固定、多线"山"字绕、跳线、手链扣的制作

 材料

1.0mm 方线、0.8mm 圆线、0.25mm 细线、开口圆环、10mm 通孔青金石圆珠、5mm 通孔青金石圆珠

 工具

平口钳、圆口钳、剪钳、锉刀

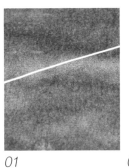

01　　　　　　　*02*　　　　　　　*03*

04　　　　　　　　　　*05*

01
取一条 18cm 长的 0.8mm 圆线

02
用圆口钳在线尾做出一个小圆环

03
继续做出弧度，形成一个 S 形曲线

04
再做出一个大圆环

05
大圆环的直径比 10mm 青金石圆珠的直径稍大一点

06
圈做好后，围绕大圆环继续绕圈

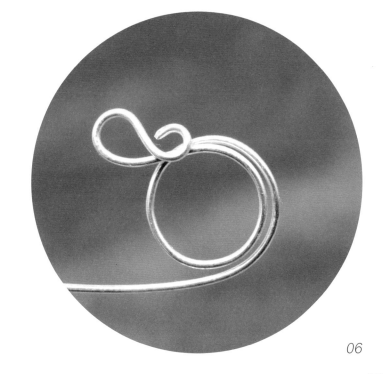

06

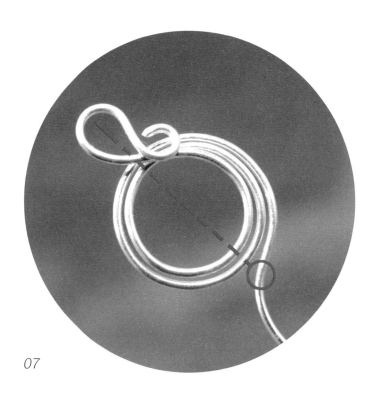

07

07
绕到第三圈的半圈结束，注意对准 S 形曲线

08
余线做出弧度

09
再做出一个小圆环

10
多余的线剪断

11
取一条 80cm 长的 0.25mm 细线，细线从图中箭头处起线，在外侧圆环上做几个 0 字绕

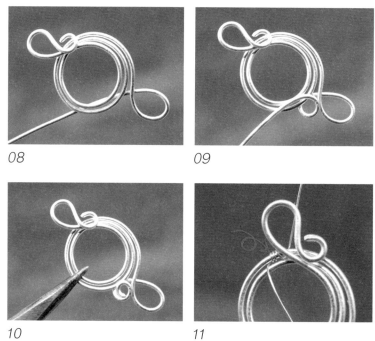

08

09

10

11

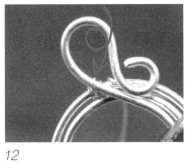

12

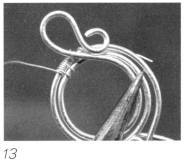

13

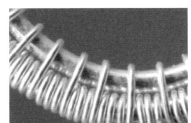

14

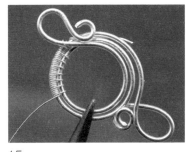

15

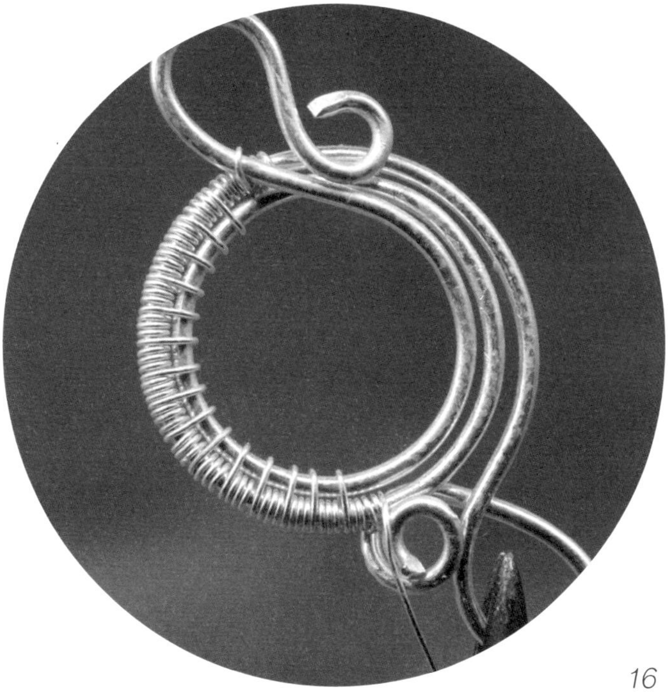

12
在图中箭头处做一个跳线,固定S形曲线

13
跳线后细线在左侧的两个圆环上做非对称双线 0 字绕,在外侧圆环上做三个 0 字绕,在两个圆环上同时做一个 0 字绕

14
放大如图

15-16
继续缠绕,绕满左侧

16

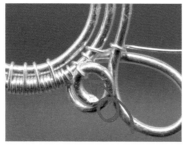

17

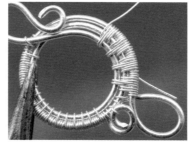

18

19

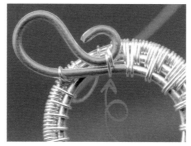

20

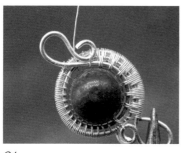

21

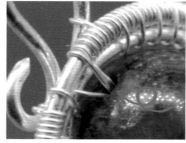

22

23

24

17
当细线绕到下方时，在图中箭头处做一个跳线，固定下方的小圆环，跳线后细线继续做几个 0 字绕

18
细线在右侧的三个圆环上做多线"山"字绕

19
继续缠绕，绕满右侧

20
当细线绕到上方时，在图中箭头处做一个跳线，注意需要同时缠绕住两条线，使 S 形曲线（红色线）形成一个闭合的环

21
剩下的细线穿过青金石圆珠，将青金石固定在圆环里

22
可以将细线反复穿过圆珠几次，加固，多余的细线剪断

23
固定好后如图，手链的主体部分制作完成

24
下面来制作手链的链条部分。取一条 5cm 长的 0.8mm 圆线，穿过 5mm 青金石圆珠，将圆珠置于线的中点处

25
稍微折一下左右两侧的线,可以
暂时固定住圆珠

26
将一边的线做出一个小圆环

27
余线在中间的线上缠绕一圈

28
多余的线剪断,这样一边就固定
好了

29
另一边也做出一个小圆环

25

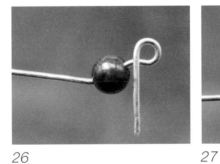

26

27

28

29

30

31

32

33

34

30
穿过主体部分的闭合圆环

31
余线绕圈固定,多余的线剪断

32-33
多做几组

34
一共做了12颗小圆珠,实际操作
中,可根据腕围调整

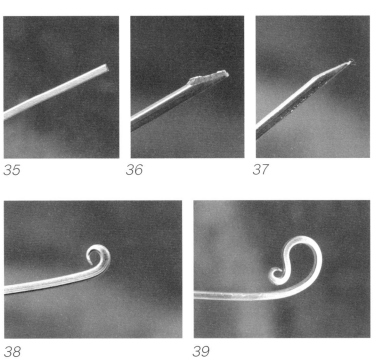

35　　　　　36　　　　　37

38　　　　　39

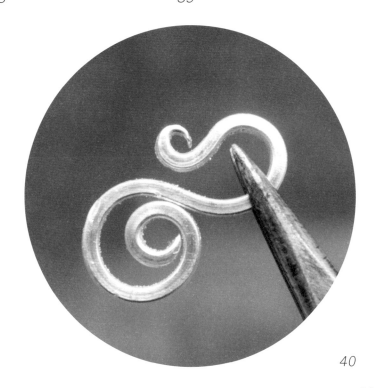

35
下面来制作手链的手链扣。取一条 8cm 长的 1.0mm 方线

36
用剪钳将线头剪成斜口

37
用锉刀将断口打磨平整

38
做出一个小圆环

39
做出一个 S 形曲线

40
余线继续绕出一个大圆环

40

41

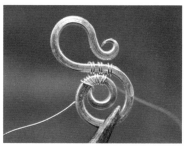

42

43

44

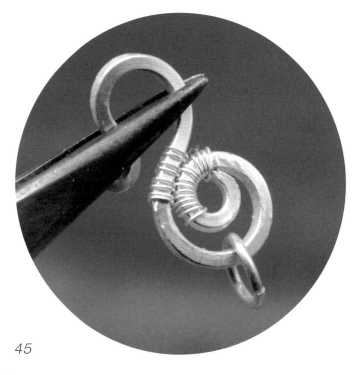

45

41
取一条 10cm 长的 0.25mm 细
线,从图中箭头处起线,在 1.0mm
方线上做几个 0 字绕

42
在圆环上做 08 绕,使下方的大
圆环形成一个闭合的环

43
多余的线剪断

44
准备两个开口圆环

45-46
将手链扣穿过一个开口圆环，固定在链条部分的一端

47
另一个开口圆环穿过链条部分的另一端（图上箭头处）

48
调整 S 形曲线的开口，这款手链就制作完成了

46

47

48

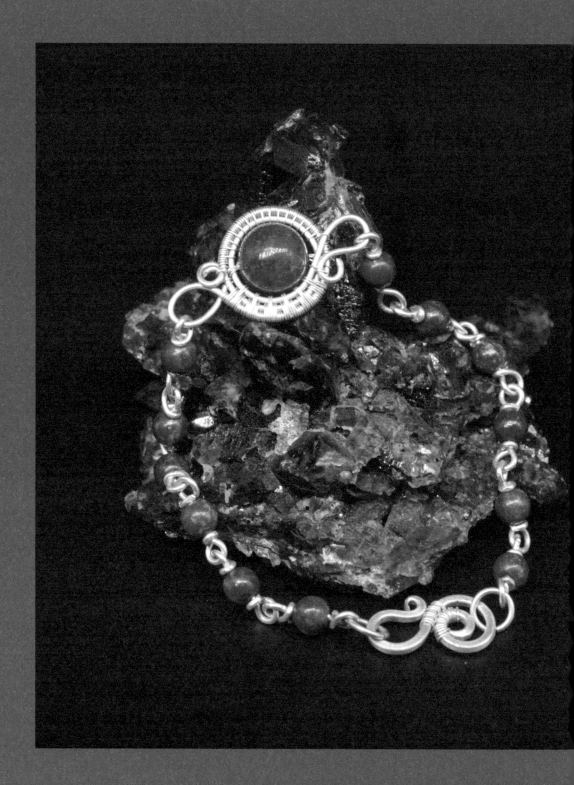

青金石手链由通孔珠连接组合而成，通孔珠的固定是卡石方法中最基础的技法。

03
圆形拉长石吊坠

 技能点

复合 0 字绕、
08 绕、
08 加线绕、
吊坠扣头的制作

 材料

0.8mm 圆 线、0.6mm 圆 线、
0.25mm 细线、20mm 圆形平
底蛋面拉长石

 工具

平口钳、圆口钳、
剪钳、镊子、
夹线器或夹子

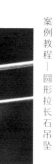

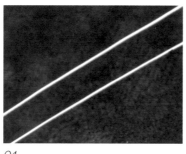

01

02

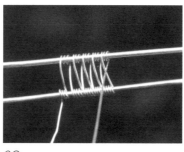

03

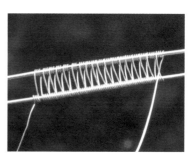

04

01

取两条 20cm 长的 0.8mm 圆线，
用夹线器或夹子夹住两条主线，
两条主线之间的距离为 6mm

02

取一条 140cm 长的 0.25mm 细
线，在两条主线上做 08 加线绕，
在两侧主线上各做一个 8 字绕加
三个 0 字绕

03-04

过程中注意调整主线的位置，尽
量保证两条主线平行，保持间距
不变

05

做一段 6cm 长的 08 加线绕，正
好可以围绕宝石一圈，多余的细
线剪断，主线余线不要剪断

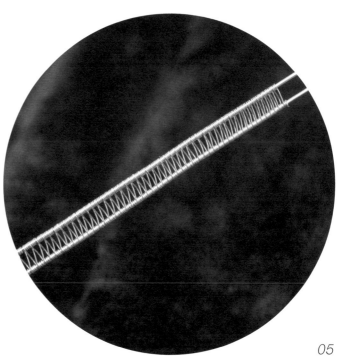

05

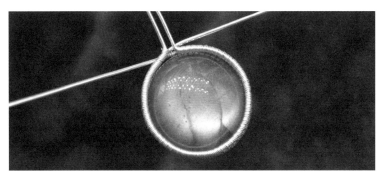

06

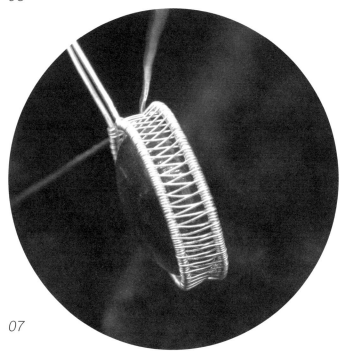

07

06
用这段 08 加线绕包裹住宝石，让宝石的边缘卡在两条主线之间细线交叉的位置

07
从侧面看，两条主线夹住了宝石

08
主线的两条余线缠绕在另外两条余线上，在接口处（图中箭头处）固定

09
另取一条 20cm 长 的 0.8mm 圆线、30cm 长 的 0.6mm 圆 线 和 180cm 长 的 0.25mm 细线，做一段 5.5cm 长的复合 0 字绕。细线在 0.6mm 圆线上做 0 字绕，把这段绕好的 0 字绕再次用 0 字绕的绕法缠绕在 0.8mm 圆线上。再取一条 30cm 长的 0.6mm 圆线，缠绕在复合线圈之间

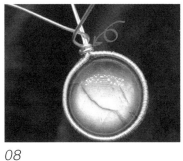

08

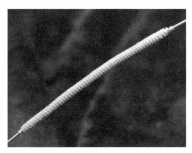

09

10

11

12

13

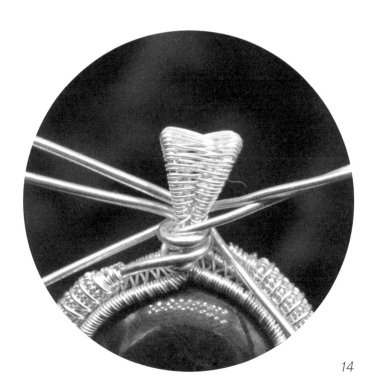

14

10
将这段复合 0 字绕围在 08 加线绕的外侧，卡在两条主线之间细线交叉的位置

11
复合 0 字绕的两条余线同样在接口处（图中箭头处）固定，让复合 0 字绕与吊坠主体结合在一起

12
此时共有 6 条余线。中间的两条余线做出一个菱形

13
取一条 40cm 长的 0.25mm 细线，用 08 绕把菱形区域绕满，多余的细线剪断

14
用圆嘴钳将菱形区域从中间对折，绕向背面，做出吊坠扣头的形状

15

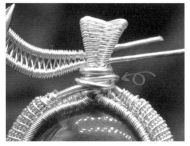

16

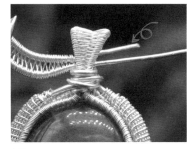

17

18

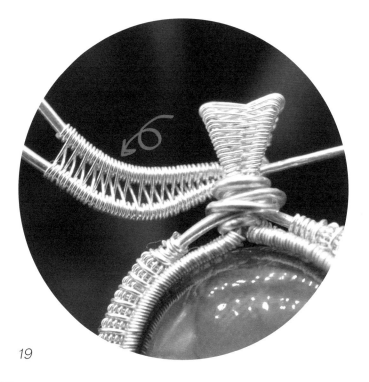

19

15
吊坠扣头的侧面如图

16
制作吊坠扣头的两条余线在接口处（图中箭头处）固定，多余的线剪断，此时还有四条余线

17-18
剪短右侧上方的余线，缠绕在吊坠扣头的根部

19
此时还有三条余线。取一条40cm长的0.25mm细线，在左侧的两条余线上，做一段2cm长的08加线绕，在两侧主线上各做一个8字绕加两个0字绕，多余的细线剪断

20

这一段 08 加线绕围吊坠扣头底部一圈，可以挡住之前固定主线的地方，整体更加美观

21

绕回正面的两条余线做两个蜗牛卷

22

右侧剩下的那条余线，从扣头背面绕向左侧，在两个蜗牛卷旁边再做一个蜗牛卷。这款吊坠就制作完成了

20

21

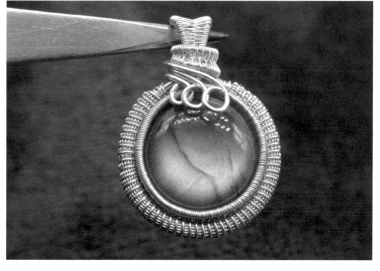

22

圆形拉长石吊坠用08加线绕包裹主石，08加线绕可以扣住宝石的边缘，是固定大块宝石的一种比较简单的方法。复合0字绕主要起装饰作用，大家在制作过程中可以尝试其他绕法来装饰。所有的余线都会在吊坠扣头的位置收尾，也可以尝试用余线做出不同的造型。

04
水滴形海蓝宝吊坠

 技能点

0 字绕、双线 0 字绕、08 绕、非对称 08 绕、四线 08 组合绕、多线平绕、多线"之"字绕、吊坠扣头的制作

 材料

0.8mm 圆 线、0.25mm 细 线、3mm 圆 形 尖 底 刻 面 紫 水晶、22mm×14mm 水滴形海蓝宝石、3mm 包金珠

 工具

平口钳、圆口钳、剪钳、镊子

01   *02*

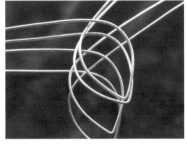

03   *04*

01-02
取一条 20cm 长的 0.8mm 圆线，从中间对折，折出夹角后，按照宝石的形状做一个框架

03
再取三条 20cm 长的 0.8mm 圆线，用上面的方法再制作三个框架，一共四个框架

04
调整框架的形状，使四个框架能够贴紧宝石表面，形成由上至下的四层。为了卡住宝石，最下层框架最大，越往上越小

05
每层两条余线在交叉处转折，使余线平行

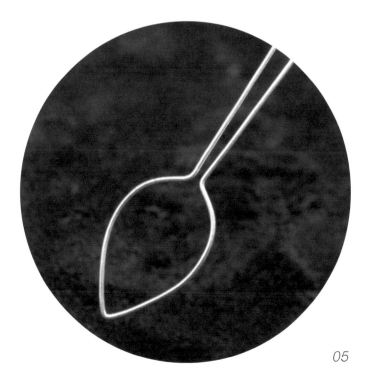

05

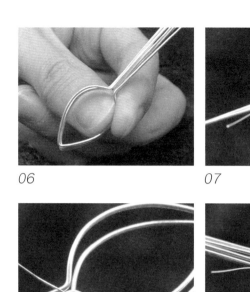

06

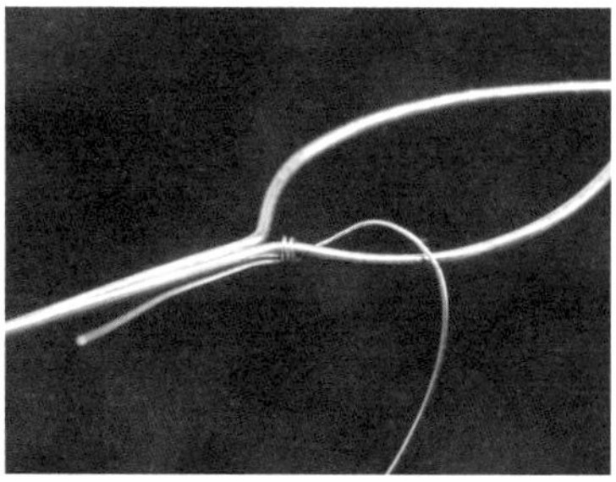

07

08

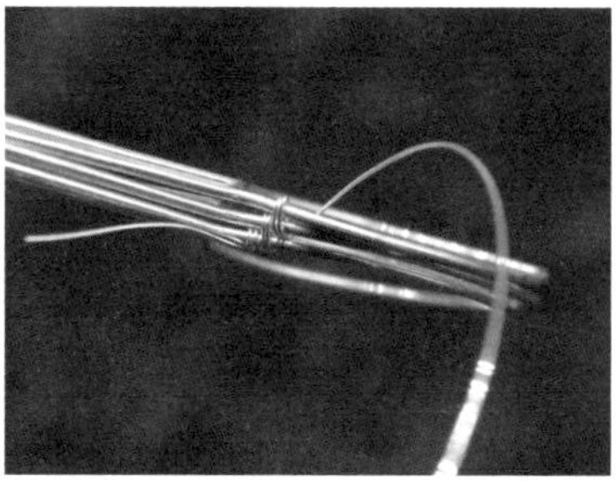

09

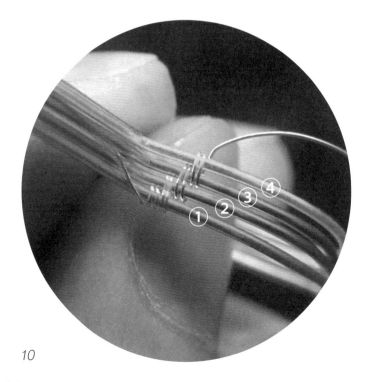

10

06
四层框架的余线处理后如图

07
取一条 80cm 长的 0.25mm 细线，从四层框架的最下层开始做多线"之"字绕

08
第二层

09
第三层

10
第四层

11-13
绕满一圈

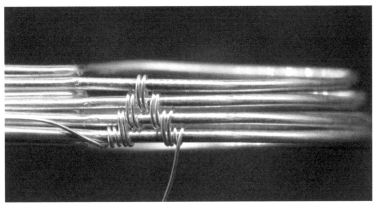

11

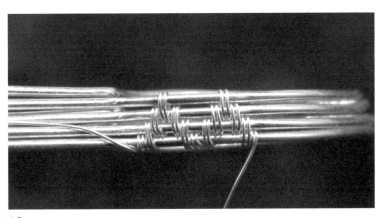

12

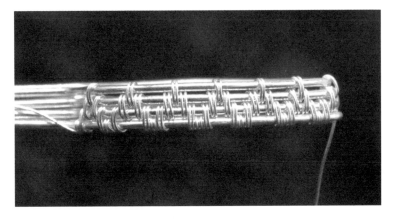

13

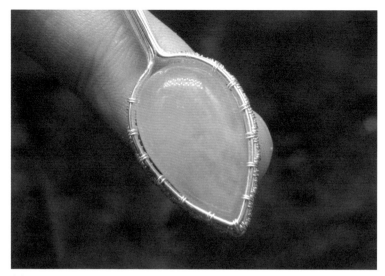

14

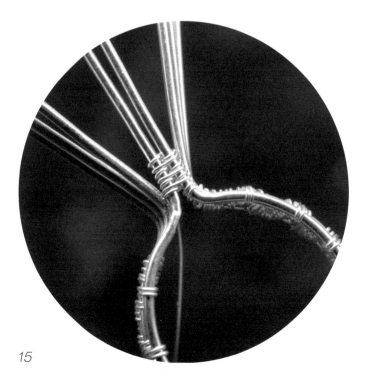

15

14

做完多线"之"字绕的四层框架
组合成外壁，外壁与宝石贴合，
能从正面卡住宝石。多线"之"
字绕剩余的细线不要剪断，吊坠
顶端的左右两侧各有四条余线

15

另取一条 80cm 长的 0.25mm 细
线，在最上层的两条余线上做一
段 0.5—0.7cm 长的双线 0 字绕，
多余的细线剪断，下面三层的余
线左右分开

16-17
多线"之"字绕剩余的细线在
中间两层的四条余线（红色线）
上做四线 08 组合绕（绕法详见
P48 四线 08 组合绕），绕出吊坠
扣头

18
多做几组，慢慢形成一个面

19
（侧面图）绕出约 1cm，四条余
线线向背面，做出吊坠扣头的形
状，注意对称

20
（侧面图）图中箭头处就是项链
穿过的区域

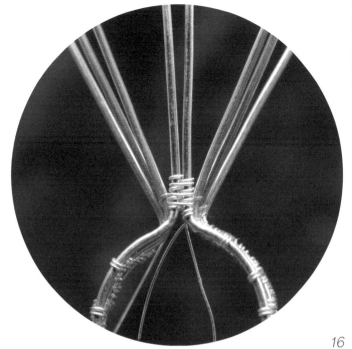

16

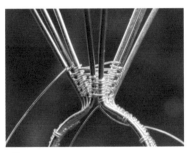

17

18

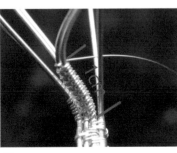

19

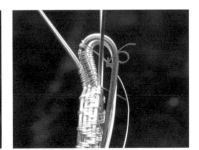

20

21

22

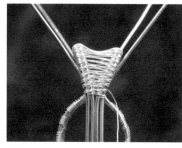

23

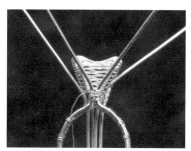

24

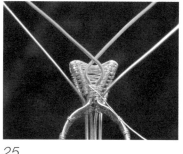

25

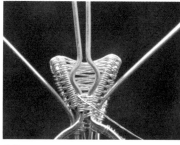

26

21

（正面图）正面形成一个倒三角形

22

（背面图）绕到背面的四条余线交叉，同样形成一个倒三角形，在交叉处（图中箭头处）转折，使四条余线平行

23

（背面图）多线"之"字绕剩余的细线继续在四条余线上做四线 08 组合绕，将背面的倒三角形绕满，多余的细线剪断

24

（正面图）回到正面，将最上层的两条余线（绿色线）左右分开

25

再将分开的两条余线向内折，做一个直径不大于 3mm 的圆环

26

在交叉处转折，使余线平行

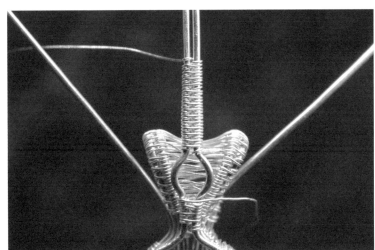

27

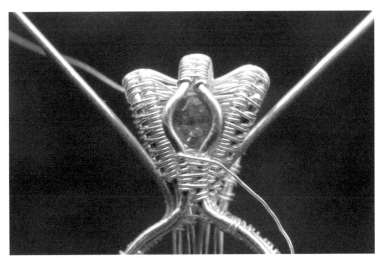

28

27
另取一条 40cm 长的 0.25mm
细线，在平行的两条余线上做
一段 2cm 长的双线 0 字绕，
多余的细线剪断

28
缠绕在一起的两条余线绕向
背面，同时将 3mm 圆形尖
底刻面宝石卡在圆环与吊坠
扣头的中间（尖底朝下），这
里运用了一个非常规的四线
卡石

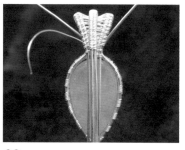

29

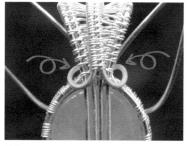

30

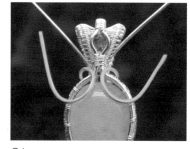

31

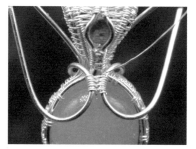

32

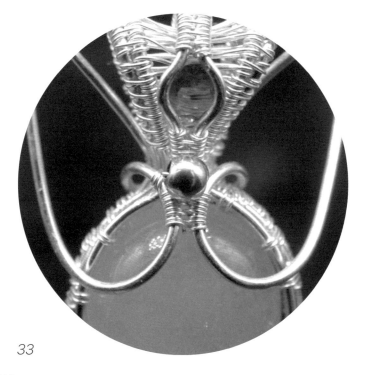

33

29
（背面图）背面如图

30
（背面图）绕到背面的两条余线
（绿色线）左右分开，从箭头处
绕向正面

31
（正面图）绕回正面的两条余线
做出弧度

32
取一条 10cm 长的 0.25mm 细
线，在绕回正面的两条余线上做
一小段 08 绕，将左右两条余线
固定在一起

33
固定一颗 3mm 包金珠，多余的
细线剪断

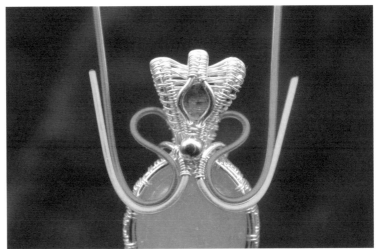

34

35

34
将最底层的两条余线(紫色线)
做出弧度,与绿色线贴合在一
起,注意对称

35
在紫色线和绿色线的尾端做
一个蜗牛卷,多余的线剪断

36

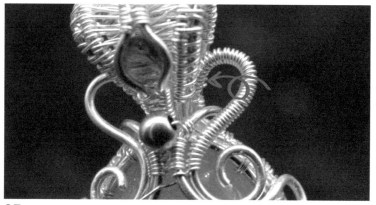

37

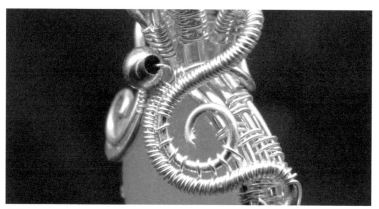

38

36
左右两侧同样方法操作，注
意对称

37
取一条 40cm 长的 0.25mm
细线，从右侧紫色线的根部（图
中箭头处）开始，在紫色线上
做 0 字绕

38
绕到紫色线与绿色线的贴合
处，在这两条线上做非对称
08 绕

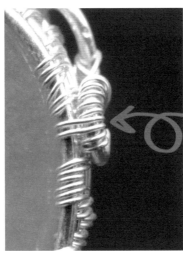

39

40

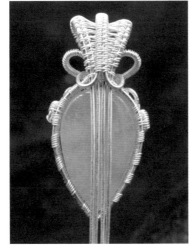

41

42

39
在蜗牛卷的尾端，将绿色线
与外壁最底层的主线固定在
一起，多余的细线剪断

40
左侧同样方法操作，注意对
称。两侧的线固定好后，正面
部分制作完成

41
（背面图）此时背面还有四条
余线，这四条余线要从背面
托住宝石

42
四条余线在尾端做一个蜗牛
卷，多余的线剪断

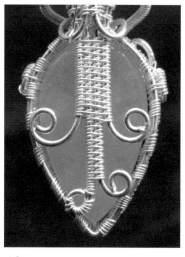

43

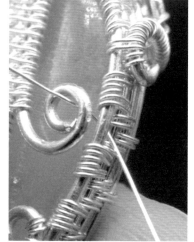

44

45

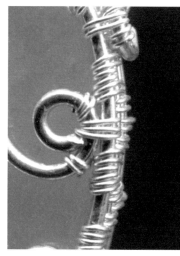

46

43
取 一 条 80cm 长 的 0.25mm
细线，在四条余线平行的地方
做多线平绕，在两条余线平行
的地方做双线 0 字绕，多余的
细线剪断

44
取 一 条 10cm 长 的 0.25mm
细线，在宝石外第三层和第四
层之间穿过，穿过蜗牛卷

45
同时缠绕这两条线，将蜗牛卷
与外壁最底层的主线固定在
一起

46
细线的两端在蜗牛卷上缠绕
几圈后剪断

47
四个蜗牛卷固定好后，背面部
分制作完成

48
调整下形状，这款吊坠就制作
完成了

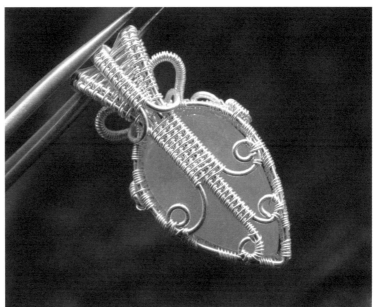

47

48

水滴形海蓝宝石吊坠用细线将多条主线组合在一起，形成包裹宝石的外壁，从正面卡住宝石，余线在宝石的背面做出造型，形成托住宝石的底托，并与外壁固定在一起，最终从侧面和背面包裹住宝石。这种固定宝石的思路是一种常用的技法，多条余线也给吊坠扣头的装饰提供了充分的创作空间，大家也可以尝试不同的绕法来丰富主体。

O5
荷鲁斯之眼戒指

 技能点

不同线材的 0 字绕、
双线 0 字绕、非对称 08
绕、跳线、戒臂的制作

 材料

0.6mm方线、0.8mm×0.3mm半
弧线、0.6mm×0.2mm半弧线、
0.25mm细线、8mm圆形平底蛋
面紫水晶

 工具

平口钳、
圆口钳、剪钳、
镊子、
戒指棒

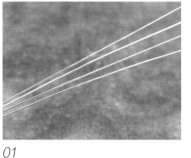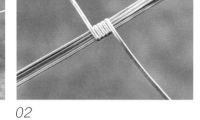

01

02

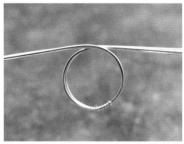

03

04

01
取四条 22cm 长的 0.6mm 方线

02
取一段粗线在四条方线的中点处做 0 字绕，将四条方线固定成一个平面。这段粗线只是临时固定，之后会被拆掉

03
在戒指棒上做出戒臂的形状

04
戒臂顶端的左右各四条余线交叉

05
取一段 10cm 长的宽 0.8mm×0.3mm 半弧线，从箭头处开始，在下侧的四条余线上做一个 0 字绕（红色线）

05

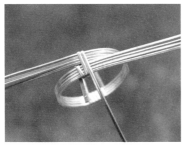

06

07

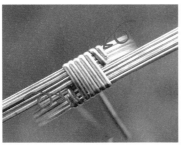

08

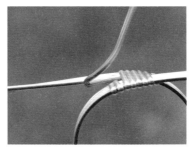

09

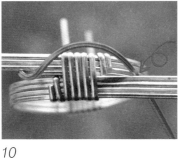

10

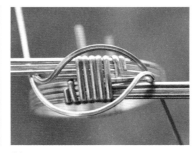

11

06

继续在上下两侧余线上做0字绕，将八条余线固定成一个平面

07

过程中注意调整线的位置，可以用平口钳将缠绕后的半弧线夹平整

08

用半弧线在八条余线上做五个0字绕后，在上侧的四条余线上做一个0字绕，将半弧线收尾在戒臂的外侧（图中箭头处），不要收在戒臂的内侧

09

（侧面图）将上侧余线的内侧第一条线（红色线）折向正面

10

做出弧度，余线在图中箭头处压向下侧的四条余线之后

11

下侧余线的内侧第一条线同样方法操作，做出眼睛的形状，注意对称

12

13

14

12

将准备好的圆形宝石夹在两条弧线之间,调整上下两条线的弧度和与戒臂的距离,使两条弧线刚好可以卡住宝石,眼角处的线要尽量贴在一起

13-14

取一条 40cm 长的 0.25mm 细线,从眼角处(图中箭头处)开始,在上下两条弧线上做08 绕

15
多做几组，将眼角填满，直到可以压住宝石

16
左侧眼角填充好后，重复步骤13—15，同样方法填充右侧眼角，左右两边尽量对称，剩余的细线不要剪断

17-18
将上侧四条余线中的内侧第二条线（蓝色线）折向正面，做出弧度

15

16

17

19

用左侧眼角填充剩余的细线做
08绕跳线，固定上侧弧线（蓝
色线）

20

绕满中间弧线后，继续用剩余的
细线做0字绕，绕满

21

用右侧眼角填充剩余的细线在弧
线下侧（红色线）上做0字绕，
绕满后断线（图中箭头处）

22

上侧四条余线中的内侧第三条线
（图中绿色线）折向正面，按照
眼角的造型做出弧度

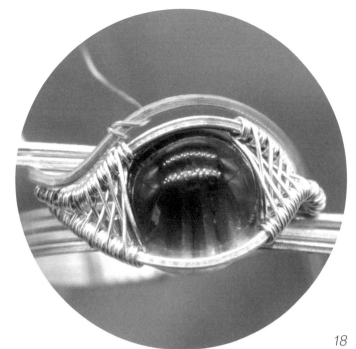

18

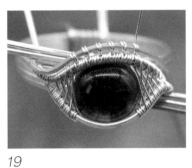

19

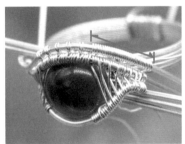

20

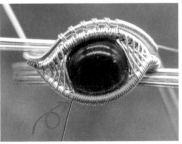

21

22

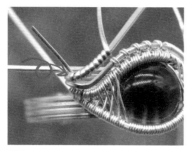

23

24

25

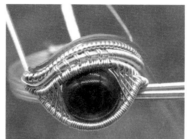

26

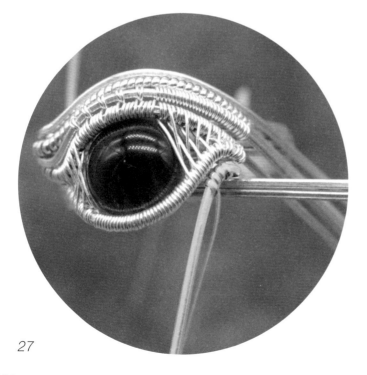

27

23
取一条 8cm 长的 0.6mm×0.2mm
半弧线，从图中箭头处开始在绿
色线上做 0 字绕

24
做出一段 2.5cm 长的 0 字绕

25
做出弧度

26
上侧四条余线中的内侧第四条线
（图中紫色线）折向正面，做出
弧度

27
下侧四条余线中的内侧第二条线
（图中绿色线）折向正面，取一
条 8cm 长的 0.6mm×0.2mm 半
弧线，在绿色线上做 0 字绕

28

29

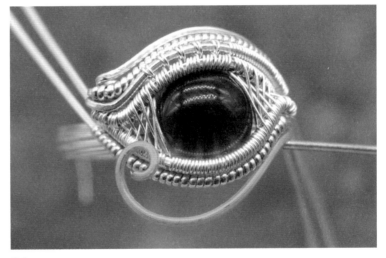

30

28
做出一段 2.5cm 长的 0 字绕

29
做出弧度

30
下侧四条余线中的内侧第三条
线（图中蓝色线）折向正面，做
出弧度和造型

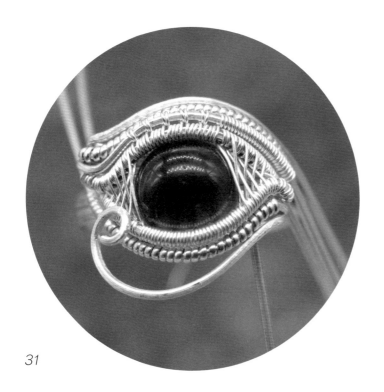

31
下侧四条余线中的内侧第四条线（图中紫色线）折向背面

32
做出造型，先做一个钝角的转折，再做一个锐角的转折，做出荷鲁斯之眼下方的突起

33-34
在图中箭头处做第三个转折，转折后的紫色线依照蓝色线做出弧度

35
收尾处做一个小一些的弧度

31

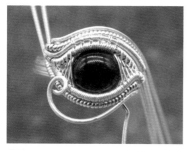

32

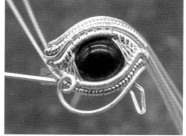

33

34

35

36

做好后正面如图

37-38

取一条 25cm 长的 0.25mm
细线，细线从图中红色箭头
处开始在蓝色线上做几个 0
字绕

39

细线绕到蓝色线和紫色线并
线的位置（图中箭头处），同
时在蓝色线和紫色线上做 0
字绕，绕满，将两条线固定
在一起

40

完成后如图

36

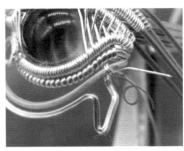

37

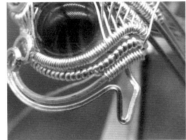

38

39

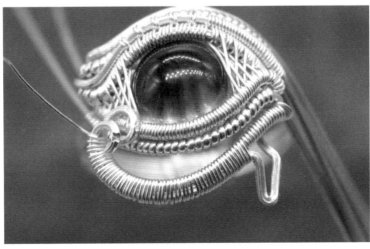

40

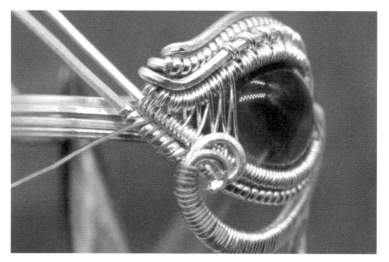

41

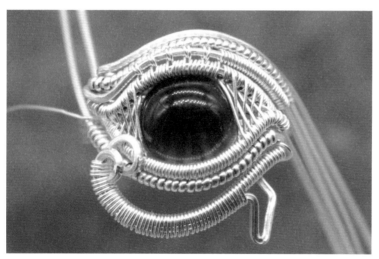

42

41
细线余线在绿色线上做几个 0 字
绕，断线

42
正面如图

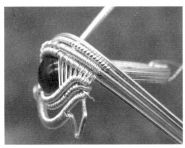

43

44

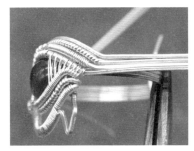

45

46

43
此时眼睛右侧有四条余线

44
左侧有两条余线，将这六条余线
与戒臂融合在一起，能够很好地
隐藏余线，提升佩戴舒适度

45
将右侧的四条余线做出转折，转
折之后的四条线与戒臂上的四条
线重叠在一起

46
左侧的两条余线统一做出转折，
转折之后的两条线与戒臂上方的
两条线重叠在一起

47
六条余线按照戒臂做出弧度，从
侧面看如图中红色线所示，由于
左边有两条线，右边有四条线，
会有两条线是重叠的。可以看到
戒臂分为了内外两层，之后要用
半弧线将这两层结合为一个整体

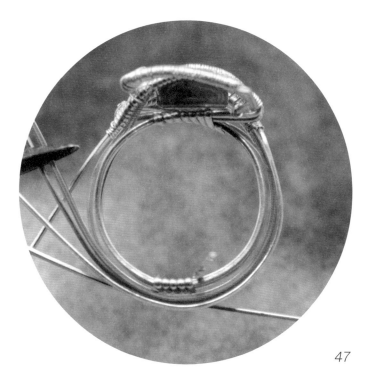

47

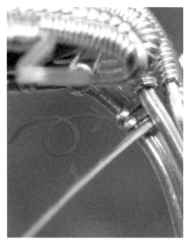

48

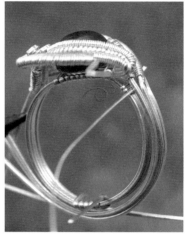

49

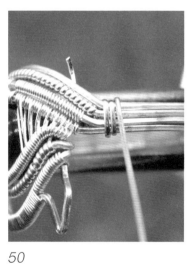

50

51

48
取一条75cm长的 0.6mm×
0.2mm 半弧线，半弧线从内
层戒臂开始（图中箭头处）先
做两个 0 字绕

49
半弧线起线的位置就是右侧
四条余线转折的下方

50
在内层戒臂上做几个 0 字绕
后，同时在戒臂的内外两层
共八条线上做 0 字绕

51
将戒臂的内外两层固定在
一起，尽量推紧半弧线的
线圈，缠绕紧密

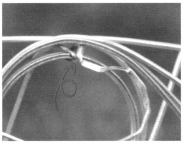

52

53

54

55

52
缠绕到戒臂的 1/4 处时，拆掉戒臂内层上的临时固定线

53
继续缠绕

54
缠绕到戒臂的 1/2 处时，将外层戒臂左右两侧重叠在一起的两条余线在同一个位置剪断，剪断后用平锉将剪口打磨平整，让剪断后的线可以对在一起。如图中箭头处

55
左右两边都打磨好后，接口的缝隙很小

56
半弧线继续缠绕，可以很好地覆盖线头，将线头隐藏起来

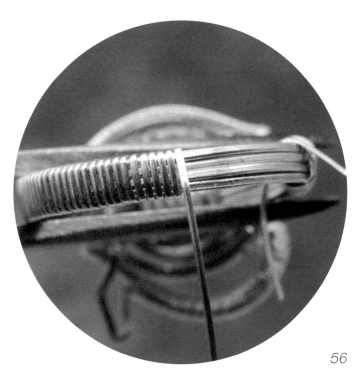

56

57

58

57
外层戒臂上剩下的两条余线直
接延伸到眼睛左侧线转折的位
置，并将多余的线剪断，如图中
箭头处

58
半弧线继续缠绕，可以在戒臂
增加一些临时线固定，戒臂缠
绕时会更加贴合

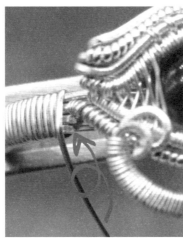

59

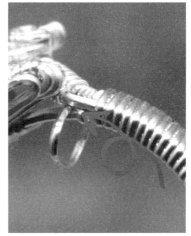

60

61

62

59
半弧线缠绕到眼睛左侧时，用半弧线包裹住线头

60
最后半弧线需要在内层戒臂上完成收尾，将线头留在内层戒臂与外层戒臂之间，可以避免佩戴时线头硌手

61
内外两层戒臂缠绕完成，两层戒臂结合为一个整体

62
这款戒指就制作完成了

荷鲁斯之眼戒指的戒臂用的是重工绕线中最常用的戒指结构，宝石则用多层装饰线来固定，装饰细节丰富，结构稳固。装饰线的收尾都固定在了戒臂外侧，这种处理方法使得戒臂的内侧平整，佩戴时不会硌手，提升舒适感。

06
白水晶吊坠

 技能点

0 字绕、
非对称 08 加线绕

 材料

0.6mm 方线、0.5mm 圆线、
0.25mm 细线、4cm 白水晶柱、
2.5mm 水晶圆珠

 工具

平口钳、
圆口钳、
剪钳、
镊子

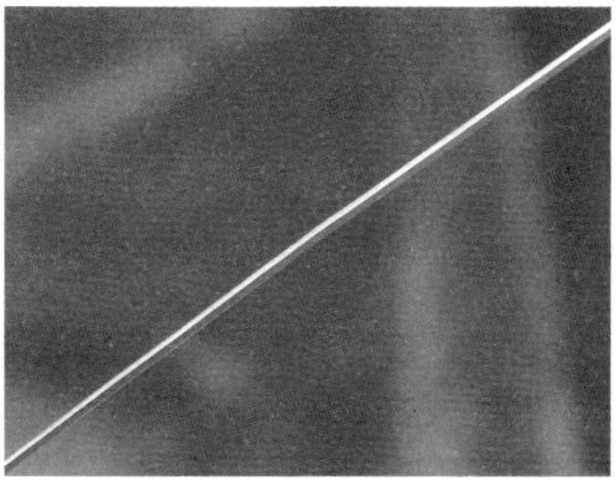

01

02

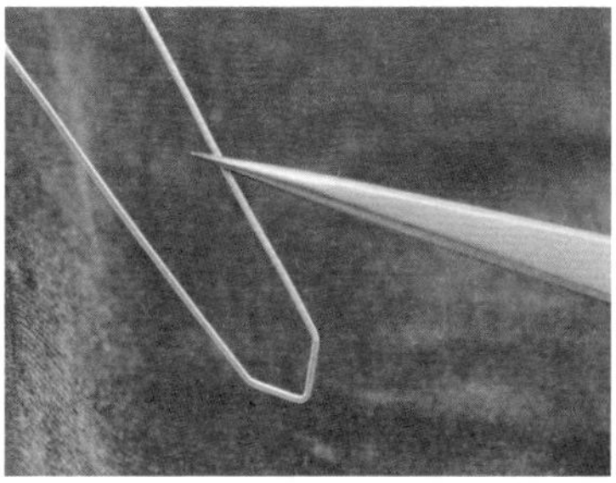

03

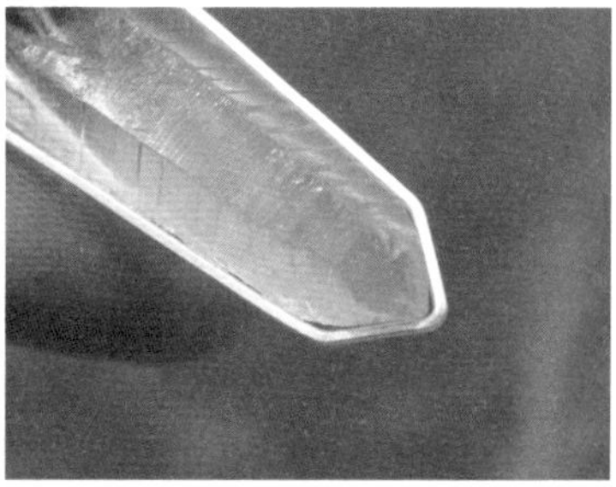

04

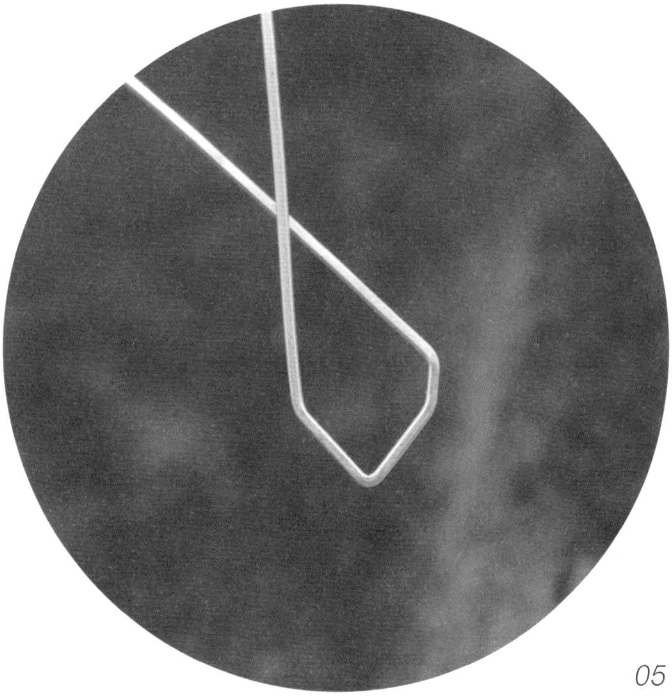

01
取一条 40cm 长的 0.6mm 方线

02
从中间折出角度，与白水晶柱尖端的角度相同

03-04
左右两条线按照水晶柱的形状做出相应的形状

05
右侧的线向内转折

05

137

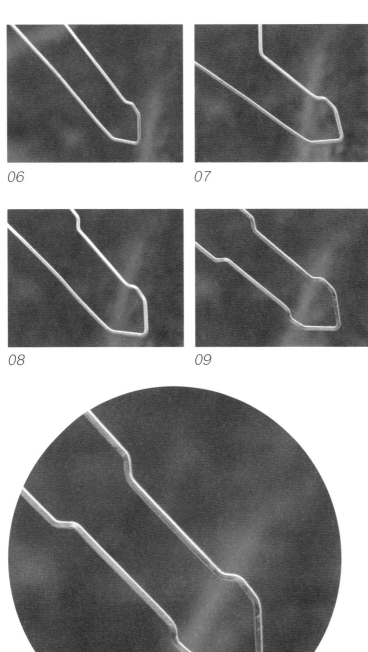

06
做一个转折

07
再向外转折

08
折回，做出一个向内凹的凹槽

09
左侧的线做出同样的凹槽

10
调整与线条同在一个平面的凹槽，按照水晶柱表面的倾斜做出相应的角度，形成一个立体结构

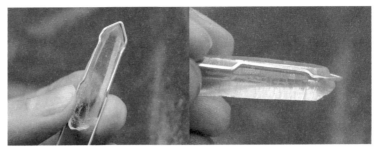

11

11

做出角度后，凹槽与水晶柱表面贴合，可以从正面卡住水晶柱，此为上层框架

12-13

另取一条 28cm 长的 0.6mm 方线，按照水晶柱的形状做出相应的形状，此为中层框架

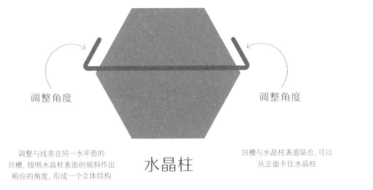

调整角度   调整角度

调整与线条在同一水平面的凹槽，按照水晶柱表面的倾斜作出相应的角度，形成一个立体结构

水晶柱

凹槽与水晶柱表面贴合，可以从正面卡住水晶柱

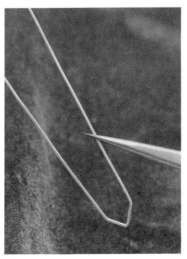

12

13

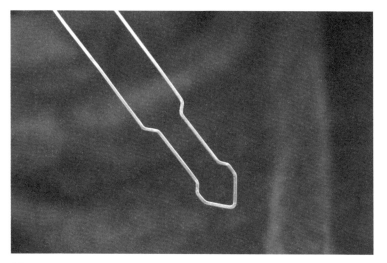

14

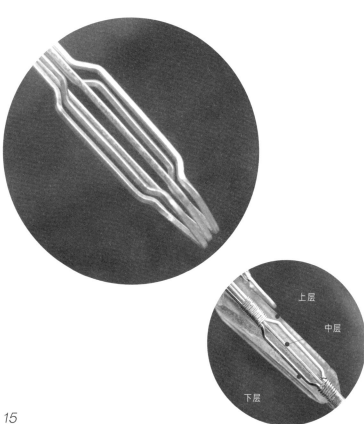

14

再取一条 16cm 长的 0.6mm 方线，做出和上层框架相同的形状，凹槽也需要按照水晶柱表面的倾斜做出相应的角度，此为下层框架

15

将上、中、下三层框架叠在一起，三层的尖端正好可以重合，形成一个立体的结构。最终的作品图中可以更加直观地看到叠在一起的三层框架

上层

中层

下层

15

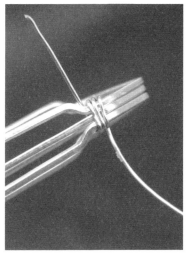
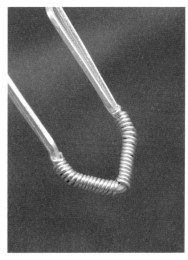

16

17

16
取一条 40cm 长 的 0.5mm
圆线，在三层框架的下方尖
角处开始做 0 字绕

17
将三层框架固定在一起

18
取一条 15cm 长的 0.5mm
圆线，在三层框架贴合的地
方（图中箭头处）做 0 字绕

19
另一侧同样方法操作

20
把水晶柱夹在三层框架中，
立体结构的凹槽可以将水晶
柱固定起来。上方左右各三
条余线交叉

21
在交叉处转折，使六条余线
平行。此时上层框架的余线
最长，其次是中层，最短的
是下层

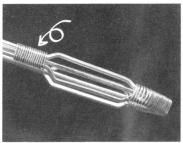

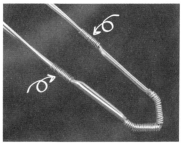

18

19

20

21

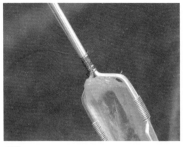

22

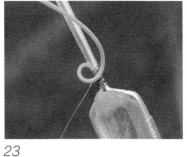

23

24

25

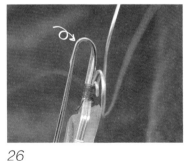

26

27

22
用临时固定线将六条余线捆绑在一起

23
上层框架的左侧余线（绿色线）做出弧度

24
继续做蜗牛卷

25
绿色线做出图中的造型，上层框架的右侧余线(红色线)做出弧度

26
中层框架和下层框架的余线绕向背面，做出吊坠扣头的形状

27
转折的位置在蜗牛卷的上方（图中箭头处）

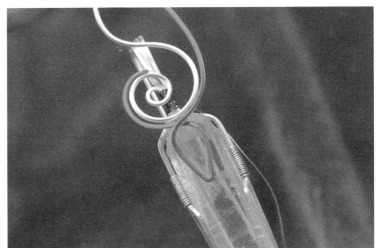

28

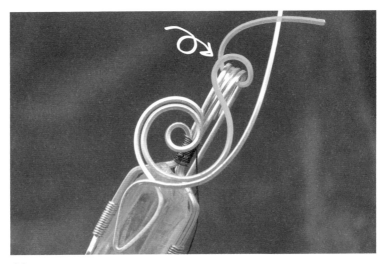

29

28
红线继续做造型

29
绿色线穿过吊坠扣头，在折向
背面的四条线上缠绕几圈，
收尾

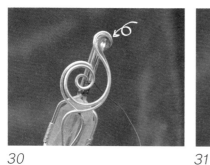

30

31

33

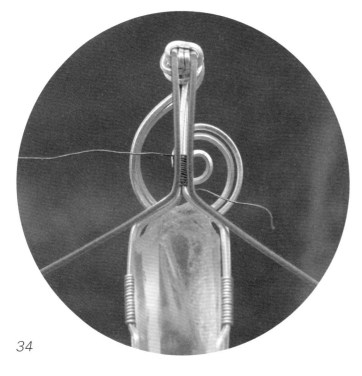

34

30
红色线贴着绿色线做出弧度，同样固定在折向背面的四条线上（图中箭头处）

31
剪短下层框架的两条余线（图中箭头处）

32
线头向内转折，收尾

33
（背面图）此时背面只剩下中层框架上的两条余线（蓝色线）

34
（背面图）对应正面立体结构的位置，两条余线左右分开

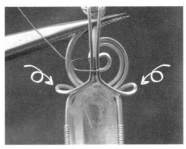

35

36

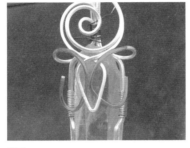

37

38

35
（背面图）分开后的两条余
线从图中箭头处绕向正面

36
（正面图）绕向正面的两条
余线（蓝色线）

37
穿过中间的枣核形区域

38
做一个蜗牛卷，收尾

39
拆掉之前的临时固定线，取
一条 15cm 长的 0.25mm 细
线，将图中箭头处的前后共
八条线固定在一起

40
固定好后整体如图

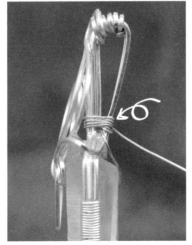

39

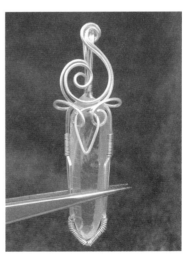

40

41

42

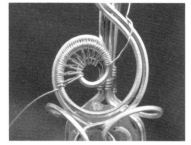

43

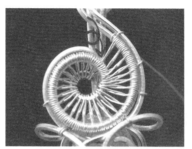

44

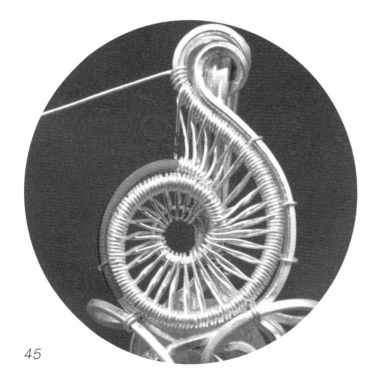

45

41

取一条 100cm 长的 0.25mm 细线，在图中箭头处起线，在绿色线上做非对称 08 加线绕

42

外侧线上做一个 8 字绕加三四个 0 字绕，内侧线上做一个 8 字绕加一个 0 字绕

43

逐渐绕满整个蜗牛卷，在缠绕的过程中，每隔一定距离就在最外侧的线上做一个跳线做固定，如图中箭头处

44

当绕到起点（图中箭头处）时，蜗牛卷已经被细线绕满

45

细线在外圈的红色线上继续做几组非对称 08 加线绕，直到细线垂直（图中箭头处），多余的细线剪断

46

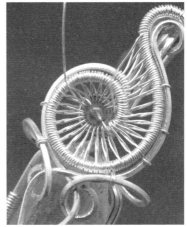

47

46
绕完后如图

47
在蜗牛卷的正中间,用细线
固定一颗水晶圆珠作为装饰

48
这款吊坠就制作完成了

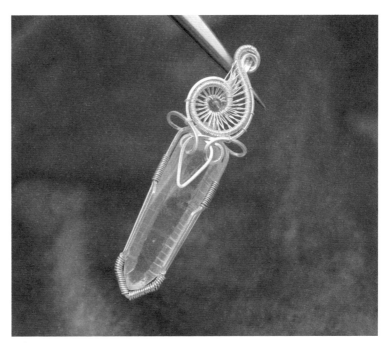

48

案例教程—白水晶吊坠

147

46

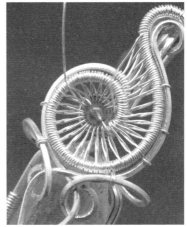

47

46
绕完后如图

47
在蜗牛卷的正中间,用细线
固定一颗水晶圆珠作为装饰

48
这款吊坠就制作完成了

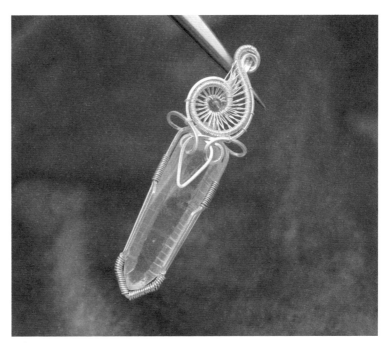

48

白水晶吊坠用三条主线来固定水晶柱，在水晶柱的正面和背面做一些向内凹的凹槽，形成一个立体的结构以固定宝石，余线则用来作装饰线。大家也可以尝试用余线做出不同的造型。

O7

飞翼耳饰

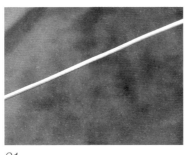

01

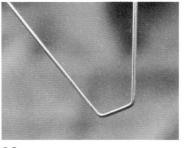

02

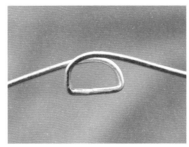

03

04

01
取一条 12cm 长的半弧线，平的一面向上，带圆弧的一面向下

02
（侧面图）在这条半弧线的正中间留出主石的直径，左右两边向上折

03
（侧面图）转折后的半弧线按照宝石的形状做出相对应的形状

04
（侧面图）半弧线包裹住宝石

05
（正面图）从正面看，转折后的半弧线交错分开，中间留出宝石的空间，形成一条立体的螺旋体

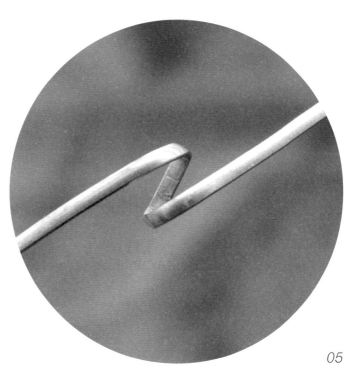

05

06
（正面图）将宝石卡在中间

07
半弧线继续围绕宝石做出弧度，往宝石的底部绕

08
绕回正面

06

07

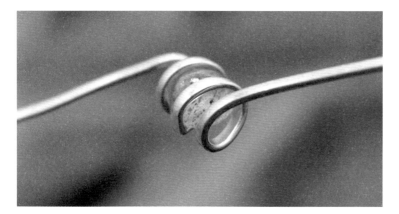

08

09

10

11

12

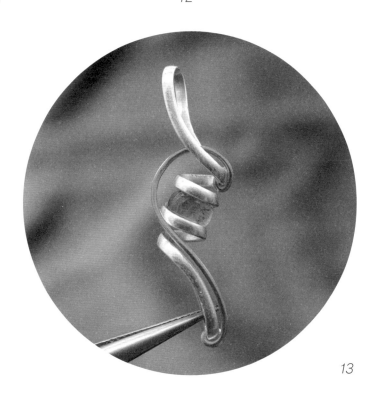

09
此时正面如图，四个箭头处就是
与宝石接触并卡住主石的地方

10
余线做出弧度后，折向背面

11
（侧面图）

12
（侧面图）折向背面的半弧线压
出一个闭合的区域

13
取一条 7cm 长的 0.8mm 圆线，
围绕半弧线的螺旋体做出弧度
（红色线）

13

14

15

16

17

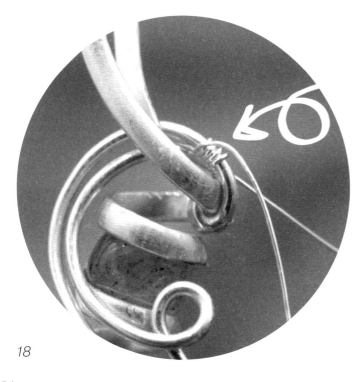

18

14-15
圆线在半弧线的两端（图中箭头处）做几个 0 字绕，将圆线固定在半弧线上，多余的线剪断

16
再取一条 7cm 长的 0.8mm 圆线，围绕半弧线的螺旋体做出弧度（蓝色线），并固定在半弧线上

17
做出一个小圆环，余线继续向下做弧度

18
取一条 60cm 长的 0.25mm 细线，在 0.8mm 圆线的根部（图中箭头处）起线，在两条 0.8mm 圆线上做非对称双线 0 字绕

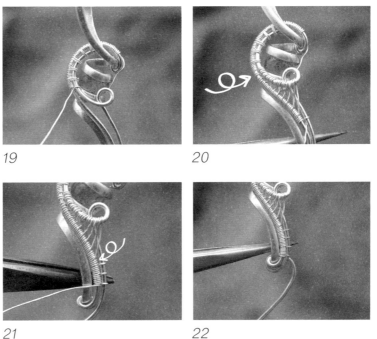

19

20

21

22

19

在外侧线上做五个 0 字绕，在
两条线上同时做两个 0 字绕

20

细线绕到两条圆线分离处（图
中箭头处）时，改变绕法，在
两条线上做非对称 08 加线
绕，内侧线上一个 8 字绕加
一个 0 字绕，外侧线上从一
个 8 字绕加一个 0 字绕，逐
渐增加到一个 8 字绕加四个
0 字绕，将两条线形成的夹
角填补成一个面

21

细线绕到两条圆线交汇处（图
中箭头处）时，再次改变绕法，
在外侧线上做五个 0 字绕，
在内侧线上做一个 8 字绕

22

细线绕满后断线，将内侧的
0.8mm 圆线与半弧线缠绕
在一起

23

（背面图）多余的线剪断，在
半弧线上夹紧线头

23

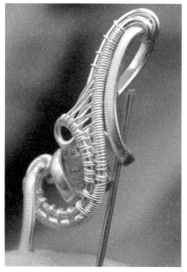

24

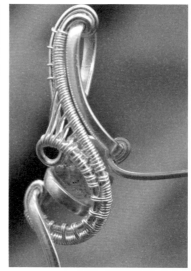

25

24-26
另一侧同样方法操作。取一条
7cm 长的 0.8mm 圆线，围绕
半弧线的螺旋体做出弧度（红
色线），并固定在半弧线上

27-31
再取一条 7cm 长的 0.8mm
圆线，围绕半弧线的螺旋体做
出弧度（紫色线），并固定在
半弧线上

32
在红色线上做出一个小圆环

26

27

28

29

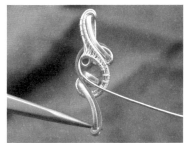

30

31

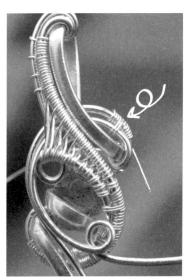

32

33

33

取一条 60cm 长的 0.25mm
细线，在 0.8mm 圆线的根部
（图中箭头处）起线，在两条
0.8mm 圆线上做非对称双线
0 字绕

34-35

重复步骤 18—23，绕满

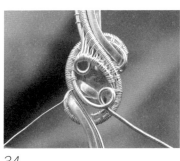

34

35

36

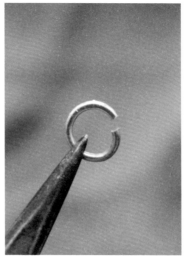

37

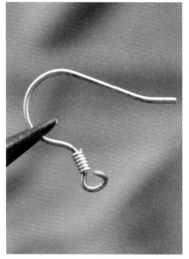

38

39

36
绕完后如图

37
准备一个开口圆环

38
还需要一个耳钩

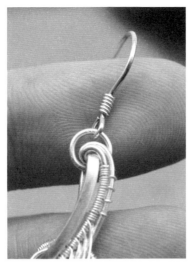

40

41

42

39-40
将半弧线穿过开口圆环,固
定在耳钩上

41
一只耳饰制作完成

42
同样方法制作另一只耳饰,
注意对称和方向镜像。这款
耳饰就制作完成了

飞翼耳饰用单线卡石的方法，用一条线缠绕住宝石的背面和侧面，达到固定宝石的效果。单线卡石结构简洁，一条线从线到体，需要一定的空间想象力，大家可以多加练习找到不同的单线卡石方法。飞翼耳饰用不同粗细和不同截面的线材搭配，形成体量感的对比。

08

石榴石吊坠

 技能点

复合 0 字绕、08 绕、
非对称 08 加线绕、
重工绕线的上下层结构

 材料

0.7mm 方线、1.0mm 圆线、
0.8mm 圆线、0.5mm 圆线、
0.25mm 细线、12mm×9mm 椭圆
平底蛋面石榴石、4mm、3mm、
2.5mm、2mm 银珠

 工具

平口钳、
圆口钳、
剪钳、
镊子

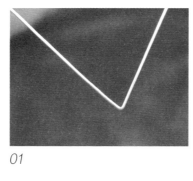

01

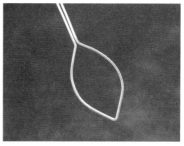

02

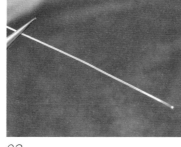

03

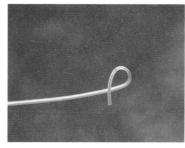

04

01
取一条 18cm 长的 0.7mm 方线，
从中间对折

02
按照图纸做出底框

03
取一条 4cm 长的 0.7mm 方线

04
线的一端绕一个圆环

05
圆环套在底框上

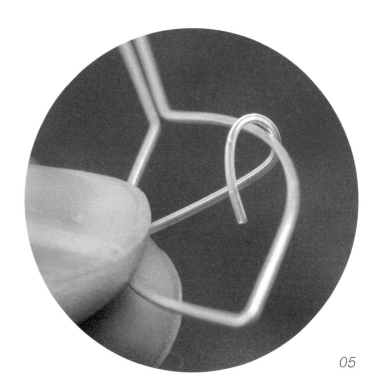

05

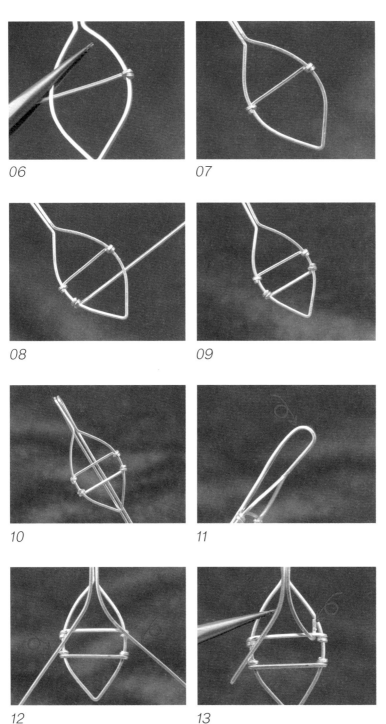

06
用平口钳绕紧，将其固定在底框上

07
另一边也同样固定住，注意线的走向保持水平

08
再取一条4cm长的0.7mm方线，同样方法固定在底框上，两条线之间的距离不能超过椭圆宝石短边

09
固定好后如图

10-11
底框上的两条余线，并在一起后绕向背面，做出吊坠扣头的形状

12
折向背面的两条余线分开

13
分开后的余线剪短，并且固定在横向的线上（图中箭头处）

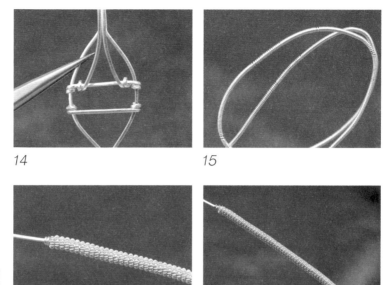

14

15

14

另一条线也固定在横线上，框架层制作完成。下面要在框架层之上增加装饰层

15-18

制作一段 6cm 长的复合 0 字绕。取一条 27cm 长的 0.5mm 圆线 和 一 条 0.25mm 细线（细线不用预先剪断，可从线轴上直接抽取缠绕），细线在 0.5mm 圆线上做一段 25cm 的 0 字绕。取一条 18cm 长的 0.7mm 方线，绕好的线圈再次在 0.7mm 方线上做 0 字绕。再取一条 0.5mm 圆线，缠绕在复合线圈之间（0.5mm 圆线不用预先剪断，可从线轴上直接抽取缠绕）

16

17

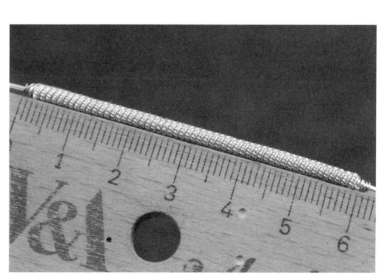

18

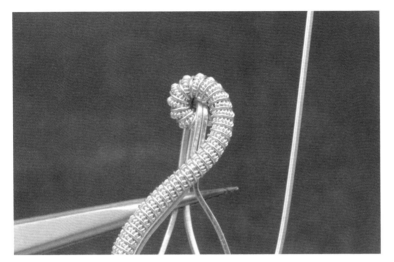

19

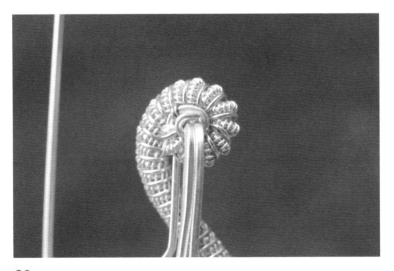

20

19
将这段复合 0 字绕的一端固
定在吊坠扣头上

20
（背面图）复合 0 字绕内部的
0.7mm 方线缠绕在吊坠扣头
的两条线上，绕紧

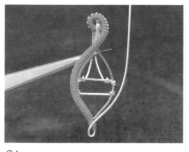

21

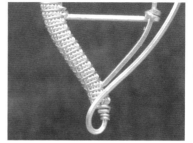

22

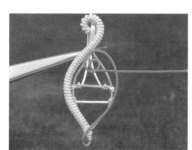

23

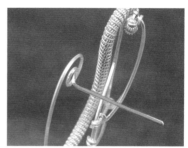

24

21
固定好后，复合 0 字绕按照底框
的形状做出弧度（红色线）

22
复合 0 字绕内部的 0.7mm 方线
在下方做出弧度，再绕到右侧

23
方线继续按照底框的形状做出弧
度（红色线），最后做一个蜗牛卷

24
余线折向背面，转折后的线垂直
于蜗牛卷指向背面

25
（正面图）转折后的余线插入框
架层，正面如图

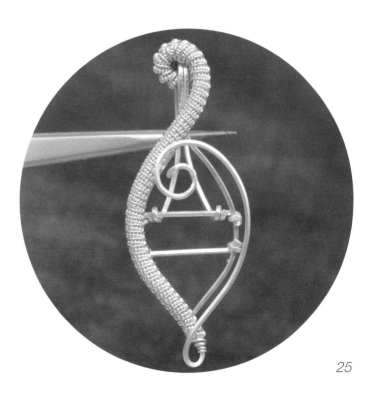

25

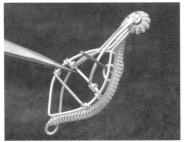

26

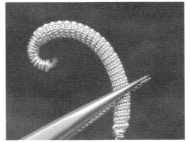

27

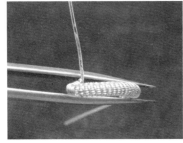

28

29

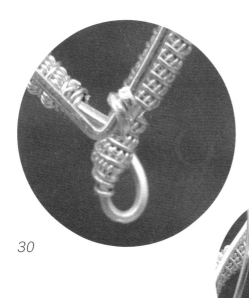

30

31

26
（背面图）从背面看，红色余线穿过了框架层

27
再做一段5.5cm长的复合0字绕，如图将一端做出弧度

28
带弧度一端的余线折向背面

29
加入复合0字绕（蓝色线），调整弧度

30-31
（背面图）复合0字绕（蓝色线）的余线固定在框架层上（图中箭头处），用平口钳绕紧

32

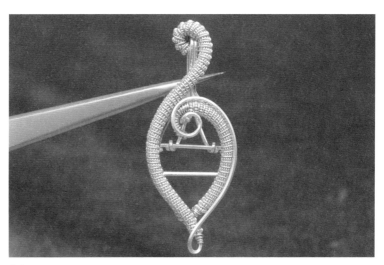

33

32
另外一条复合 0 字绕的余线（步骤 26 中的红色线）同样固定在框架层上

33
（正面图）固定好之后，正面如图

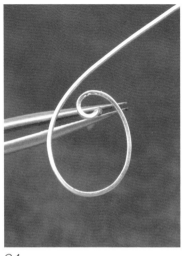

34

35

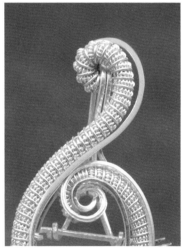

36

37

34
取一条 12cm 长的 0.7mm 方线，做出弧度，蜗牛卷一端的余线折向背面

35
宝石斜向卡在装饰层中，加入做好弧度的方线（绿色线），转折后的余线插入框架层，穿过主体结构的蜗牛卷，调整弧度和宝石位置

36
绿色线绕到上方，如图做出弧度

37
（背面图）余线固定在吊坠扣头上

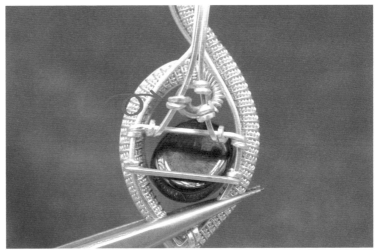

38

39

38
（背面图）余线的另一端固定
在背面的框架层上

39
（正面图）此时正面如图

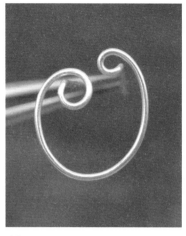

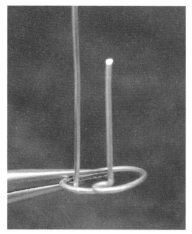

40   41

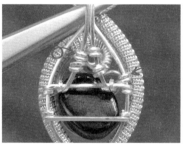

42   43

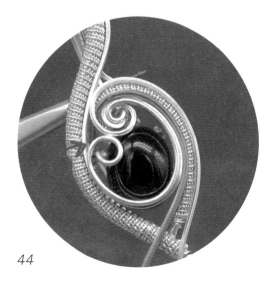

44

40
取一条 10cm 长的 0.7mm 方线，
做出弧度

41
两端的余线折向背面

42
加入做好弧度的方线（紫色线），
转折后的余线插入框架层，调整
弧度和宝石位置

43
（背面图）两端的余线都固定在
背面的框架层上

44
取一条 16cm 长的 1.0mm 圆线，
线的一端从图中箭头处穿到背
面，红色线做出弧度

45

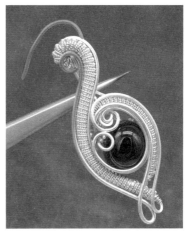

46

47

48

45
红色线继续做出弧度

46
在上方做一个圆环，从复合 0 字
绕下方绕到吊坠扣头的位置

47
余线固定在吊坠扣头上

48
取一条 35cm 长的 0.25mm 细线，
从红色箭头处起线，在空缺的三
角形区域做非对称 08 加线绕，
绕满，在蓝色箭头处收尾

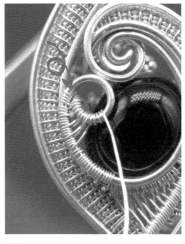

49

50

51

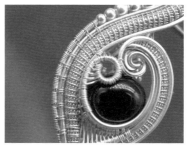

52

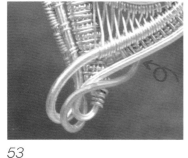

53

54

49

再取一条 20cm 长的 0.25mm 细线，从红色箭头处起线，在空缺的三角形区域做非对称 08 加线绕，绕满

50

绕完后如图

51

取一条 9cm 长的 0.8mm 圆线（橙色线），线的一端固定在吊坠扣头上，从大到小穿五颗银珠（4mm、3mm、3mm、2.5mm、2mm），做出弧度

52

取一条 40cm 长的 0.25mm 细线，在橙色线和与其临近的线上做非对称 08 绕，橙色线上一个 8 字绕加七个 0 字绕，另一侧线上一个 8 字绕加一个 0 字绕

53

绕到底端的橙色线同样做出弧度，从图中箭头处绕向背面

54

（背面图）余线固定在框架层上

55

56

57

55
取一条35cm长的0.25mm细线，从图中箭头处起线，在空缺的区域做非对称08加线绕，直到细线垂直

56
绕完后如图

57
这款吊坠就制作完成了。制作完成后还可以选择做旧处理，会呈现不同的效果，做旧后需要用抛光棒打磨、抛光

石榴石吊坠运用了制作重工绕线中最常用的上下层结构，上层为装饰层，下层为框架层，装饰层上装饰线的余线固定在框架层上，能够隐藏余线并起到很好的固定作用。上下层结构是重工绕线最具代表性的结构，是区别于其他风格的典型特征，掌握上下层结构的制作方法，能够理解重工绕线的技术内核，大家也可以尝试不同的上下层结构来实现自己的设计。

09

多石吊坠

 技能点

复合 0 字绕、非对称 08 绕、仿爪镶、四线卡石、非常规卡石、重工绕线的上下层结构

 材料

0.6mm 方线、0.8mm×0.3mm 半弧线、0.6mm 圆线、0.8mm 圆线、0.25mm 细线、15mm×9mm 水滴形尖底刻面托帕石、3mm 圆形尖底刻面宝石、边长 10mm 等边三角形宝石

工具

平口钳、圆口钳、剪钳、镊子

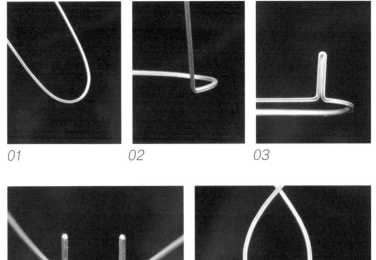

01

02

03

04

05

01
取一条 20cm 长的 0.6mm 方线，从中间按照水滴形托帕石的形状做出弧度

02
将一边的余线向上折，将线立起来，垂直于弧线所在的面

03
对折立起来的线，做一个 8mm 长的立柱（这个立柱的长度要大于水滴形托帕石底部到腰线的长度），做出立柱后转折余线，余线与弧线在同一个面上

04
同样方法做出底部的两个立柱，两个立柱尽量等长

05
余线继续沿着水滴形托帕石的轮廓做出弧线

06
在接近水滴形托帕石尖角的位置，余线再次向上折，制作宝石尖端的两个立柱，四个立柱尽量等长

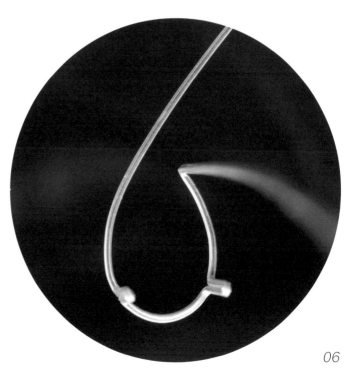

06

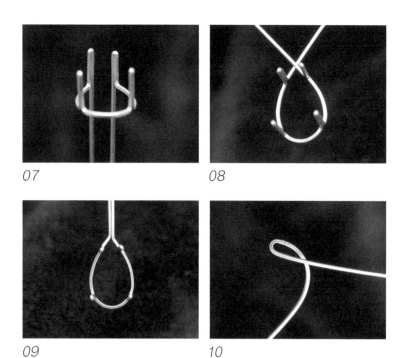

07

08

09

10

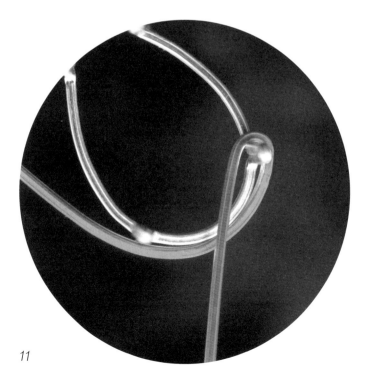

11

07
做出立柱

08
转折余线，余线与弧线在同一个
面上，余线继续沿着水滴形托帕
石的轮廓做出弧线

09
在交叉处转折，使余线平行。爪
镶框架制作完成

10
取一条 20cm 长的 0.6mm 方线，
从中间开始做出与爪镶框架底部
相同的弧度，在右侧余线上做一
个转折

11
转折后的线（红色线）套在底部
右侧的立柱上

12
用平口钳将方线固定在立柱上，调整弧度，另一端也固定在底部左侧的立柱上

13
余线在立柱上再绕三圈，一共四圈，可以看到立柱上有四层线圈

14
多余的线不要剪断

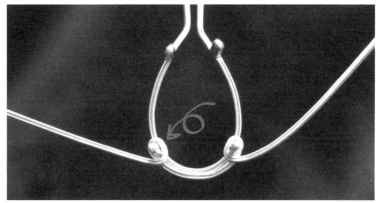

12

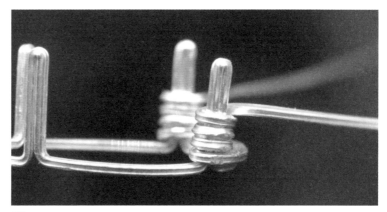

13

14

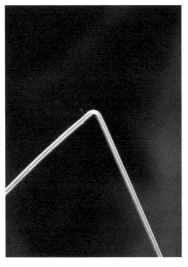

15

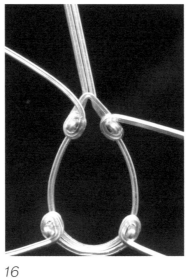

16

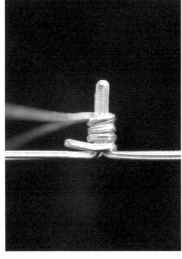

17

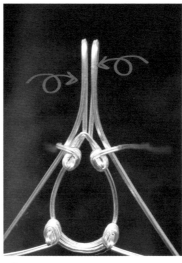

18

15
取一条18cm长的0.6mm
方线，从中间对折

16
对准爪镶框架尖角的位置，
将方线固定在尖端的两个立
柱上

17
余线在立柱上再绕三圈，一
共四圈，可以看到立柱上有四
层线圈

18-19
爪镶框架的两条余线留出一
定距离（图中箭头处），绕向
正面，做出吊坠扣头的形状

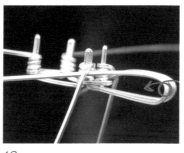

19   20

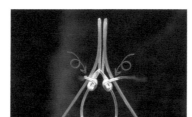

21   22

20
尖端立柱上的两条余线（绿色线）绕向背面

21
在图中箭头处压住吊坠扣头的两条余线（蓝色线）

22
蓝色线在绿色线上做一个0字绕，用平口钳夹紧

23
（正面图）蓝色线的余线剪断（图中箭头处）

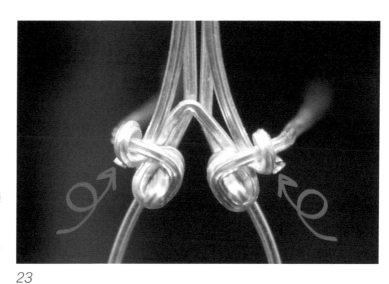

23

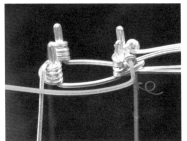

24

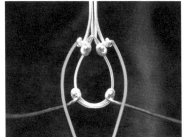

25

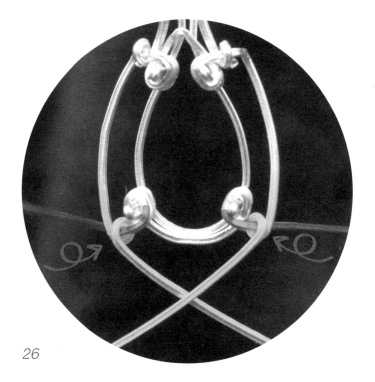

26

24

（侧面图）绿色线做一个转折，使其与爪镶框架在一个平面上

25

（正面图）另一侧同样，按照爪镶框架的形状做出弧度

26

绿色线在底部立柱上的两条余线（红色线）上做一个 0 字绕，用平口钳夹紧

27-28

（侧面图）固定好绿色线后，红色线向背面压，在合适的位置做转折，使绿色线依然与爪镶框架在一个平面上

27

28

29

（正面图）绿色线的余线剪断（图中箭头处），红色线向内交叉

30

取一条 3cm 长的 0.6mm 方线（紫色线）固定在红色线上，形成边长为 8—9mm 的一个等边三角形，略小于三角形宝石的边长，从背面托住三角形宝石

31

（侧面图）将三角形宝石放在三角形区域，在红色线交叉处按照宝石的侧面角度向上转折

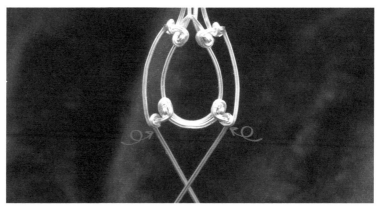

29

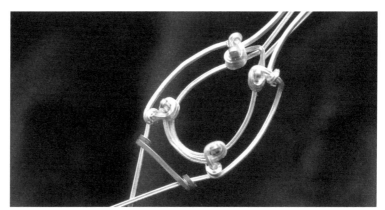

30

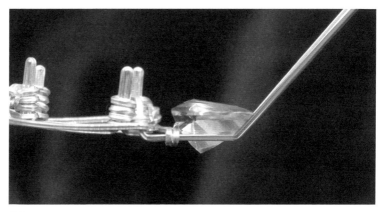

31

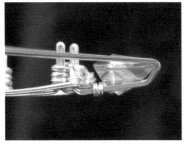

32

33

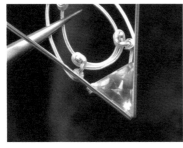

34

35

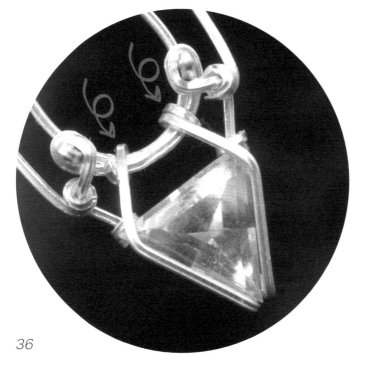

36

32
（侧面图）按照宝石的侧面角度继续转折，转折后红色线压在三角形宝石的上面

33
（正面图）从正面卡住宝石

34
并在一起的红色线按照三角形宝石的轮廓分开，压住三角形宝石的两条边

35
红色线向内做出转折，注意转折的位置要低于三角形宝石的边，压住三角形宝石的两个角

36
红色线的余线固定在爪镶框架上（图中箭头处），多余的线剪断

37

四个立柱的尖端向内做出转折，转折的位置（图中箭头处）需要根据宝石的形状调整

38

转折后的四个立柱固定住水滴形托帕石。框架层制作完成，宝石也被固定在框架层上，下面要在框架层之上增加装饰层

39

制作一段6cm长的复合0字绕。用0.25mm细线在0.6mm圆线上做0字绕，之后再缠绕在0.8mm圆线上。复合0字绕两端要留一段1.5cm长的余线，并将复合0字绕做出弧度，一端做出一个圆环

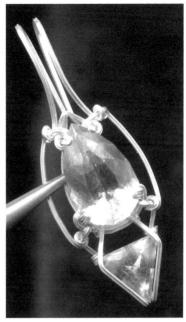

37   *38*

39

40

41

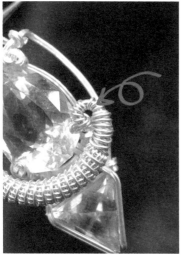

42

43

40

按照框架层的形状调整复合 0 字绕的形状，需要根据宝石的形状来调整复合 0 字绕的长度

41

复合 0 字绕一端的余线固定在吊坠扣头上（图中箭头处），复合 0 字绕内部的 0.8mm 圆线在吊坠扣头的两条余线上做两个 0 字绕，用平口钳夹紧，多余的线剪断

42

另一端的余线向内做一个小圆环后折向背面，转折后的余线插入框架层（图中箭头处）

43

（背面图）余线固定在背面的框架层上

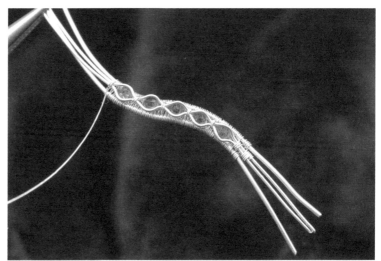

44

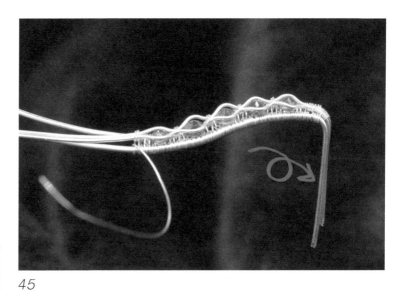

45

44
用两条 0.8mm 圆线、两条
0.6mm 圆线和一条 0.25mm
细线做一段四线卡石结构(绕
法详见 P66 四线卡石),固
定五颗 3mm 圆形尖底刻面
宝石

45
四线卡石结构一端的四条余
线做出转折

46

47

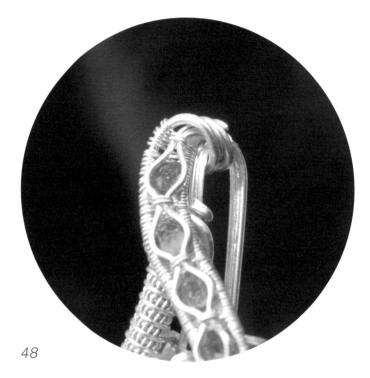

48

46
转折后的四条余线插入框架层(图中箭头处)

47
(背面图)余线固定在背面的框架层上

48
另一端的四条余线固定在吊坠扣头上

49
固定好后如图

50
取一条 8cm 长的 0.8mm 圆线做出弧度,蜗牛卷一端的余线折向背面

49

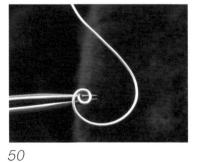

50

51
转折后的余线插入框架层，调整
弧度和位置

52
（侧面图）固定在背面的框架层
上（图中箭头处），另一端的余
线固定在吊坠扣头上

53
再取一条 8cm 长的 0.8mm 圆线
（红色线），半弧线在红色线上
做一段 0 字绕，红色线继续做出
弧度

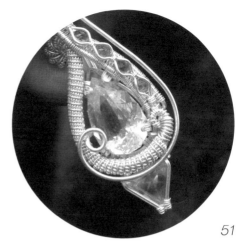

51

52

53

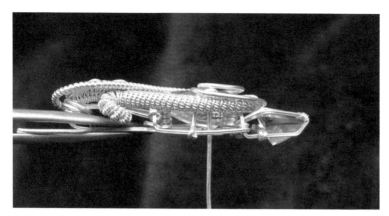

54
蜗牛卷一端的余线折向背面，
转折后的余线插入框架层

55
固定在背面的框架层上（图中
箭头处）

56
另一端的余线同样固定在吊
坠扣头上

54

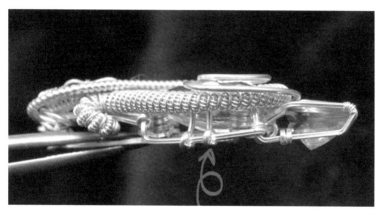

55

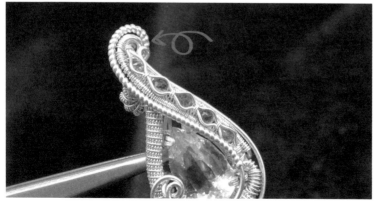

56

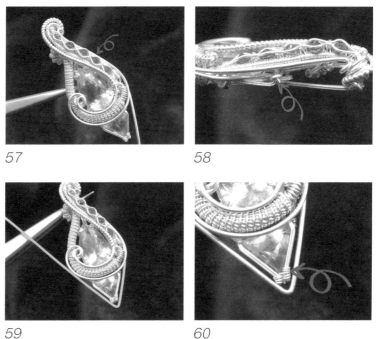

57

58

59

60

57
取一条 12cm 长的 0.8mm 圆线，
线的一端固定在四线卡石结构后
的框架层上（图中箭头处）

58
（侧面图）固定点如图中箭头处

59
一端固定好后，0.8mm 圆线（绿
色线）沿框架层轮廓做一个转折

60
取一条 8cm 长的 0.25mm 细线，
在框架层三角形宝石尖端的两条
线上做 08 绕，将三角形框架固定

61
转折后的绿色线继续做出造型，
余线做一个圆环后穿过吊坠扣头
绕到背面

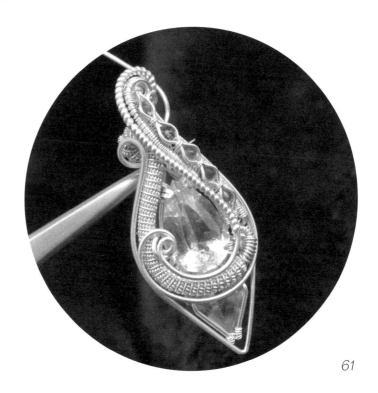

61

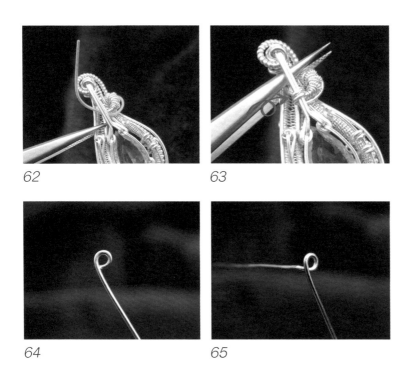

62

63

64

65

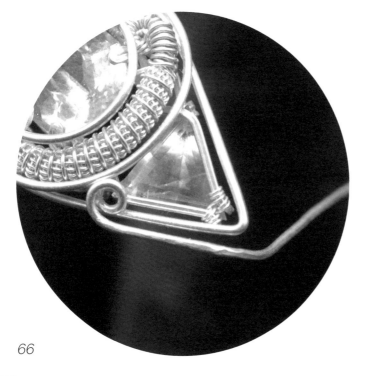

66

62
（背面图）绕到背面的余线如图

63
余线固定在吊坠扣头上

64
取一条 6cm 长的 0.8mm 圆线，
线的一端做一个小的圆环

65
余线折向背面

66
转折后的余线插入框架层

67

68

69

70

67
取一条 20cm 长的 0.25mm 细线，在左侧的两条线上做非对称 08 绕

68
插到框架层的余线（紫色线）固定在背面的框架层上（图中箭头处），另一端的余线做出转折绕到背面，同样固定在框架层上

69
另一边同样方法操作，注意对称

70
这款吊坠就制作完成了

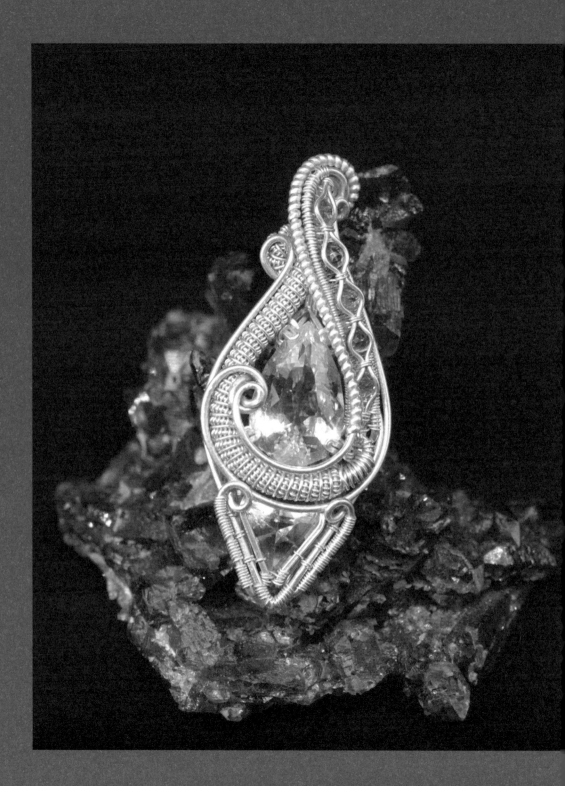

多石吊坠充分运用多种卡石方法，固定主石时用到仿爪镶卡石，固定小宝石时用到四线卡石，固定三角形宝石时则用到非常规卡石方法。

卡石方法是重工绕线的另一个区别于其他风格的典型特征，卡住石头的结构线与装饰线结合，共同形成作品的结构，掌握多种卡石方法，有助于拆分、重组、理解重工绕线的结构，在设计上会有所突破。多石吊坠同样运用了上下层结构，将装饰层和卡石结构的余线都固定在框架层上，非常灵活，在实际操作中大家可以根据宝石的形状尝试不同的卡石方法和装饰线条。

10
浣熊胸针

 技能点

08 绕、双线 0 字绕、
非对称 08 加线绕、
非常规卡石、重工绕线
的上下层结构

 材料

0.6mm 方线、1.0mm 圆线、0.8mm 圆线、
0.25mm 细线、S925 银 0.8mm 圆线、
边长 12mm 等边三角形宝石、
边长 6mm 等边三角形宝石、
6mm 圆形平底蛋面黑玛瑙

 工具

平口钳、
圆口钳、
剪钳、
镊子、
锉刀

*TIPS

制作浣熊胸针时有几点
需要注意

1. 每个结构在制作时尽量严格按照
   图纸还原，避免叠加固定时走形；

2. 这款胸针的四颗宝石都是用结构
   ①与结构②上下两层夹住固定的，
   叠加两层结构时要固定牢固，这也
   是一种非常规卡石方法；

3. 这款胸针用 S925 银线来制作与框
   架一体化的胸针别针，大家也可以
   用成品别针配件来代替，用细线将
   别针配件与背面的框架层固定在
   一起即可。

图纸①

图纸②

图纸③

24mm

16mm

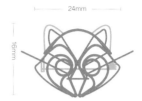

01
取一条 26cm 长的 0.6mm 方
线，从中间按照图纸①做出浣
熊脸部的轮廓

02
在交叉处转折，将余线压在轮
廓线下

03
取一条 1.5cm 长的 0.6mm
方线，将这条线的两端固定在
图中箭头处，两个固定点之间
的距离为 6mm，与小三角形
宝石的边长相同

04
轮廓线的两条余线继续按照结
构图纸①做出转折，转折后形
成的红色区域，比大三角形宝
石小一些，从背面托住大三角
形宝石，转折后的两条余线依
然压在轮廓线下（图中箭头处）

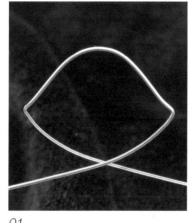

01

02

03

04

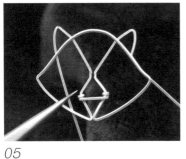

05

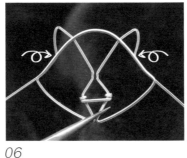

06

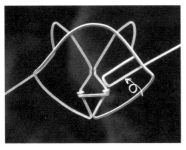

07

08

09

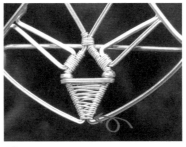

10

05

按照图纸①，继续用余线做出浣熊的两个耳朵，这里是耳朵的内轮廓

06

耳朵做完后，两条余线在图中箭头处做出转折，转折后的两条余线依然压在轮廓线下

07

右侧的余线向内转折，做出一个长方形，长方形的短边长度不要大于 6mm，从背面托住圆形黑玛瑙

08

另一侧同样操作，注意对称。多余的线不要剪断，余线将在步骤 39 中用作固定

09

用 0.25mm 细线在图中箭头处固定主线。结构①制作完成

10

取一条 20cm 长的 0.25mm 细线，在图中箭头处起线，在下侧的三角形区域做双线 0 字绕

11

取一条 26cm 长 的 0.8mm
圆线，按照图纸②做出浣熊
头顶的弧度，两条余线分别
在图中箭头处向正面对折，形
成上下两层线条（这样做是
为了形成更加锐利的转角，具
体见 Tips），转折后的余线继
续按照图纸②做出眉毛的形
状。图中红色区域同样要比
大三角形宝石小一些，从正面
卡住大三角形宝石

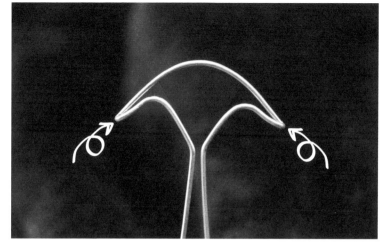

11

*TIPS
一个平面上线条形成的角和
两层线条形成的角

1-2
在一个平面上线条转折后会形成一个
带弧形的折角，影响整体形状，效果
不好

3-4
将线折向正面，图 4 从侧面可以看到
立起来的线垂直于之前所在的平面

5-6
用平口钳夹紧两条线，图 6 从侧面可
以看到两条线叠在一起，形成上下两
层线条

7
将两层线分开。左边是两层线条形成
的角，右边是一个平面上线条形成的
角。可以看到两条线形成的角更加
锐利，也不会影响整体形状

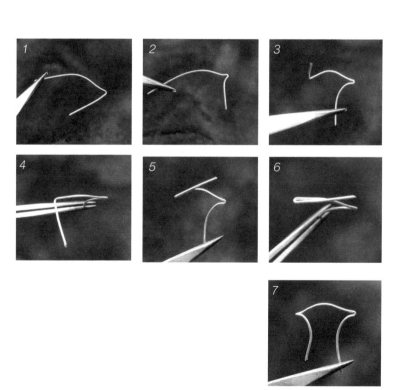

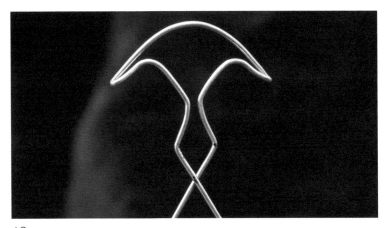

12

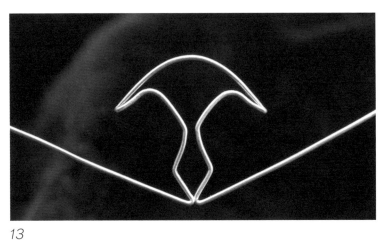

13

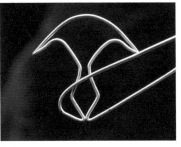

14

15

12
两条余线继续按照图纸②做
出鼻梁和鼻子

13
在交叉处将内条余线左右分开

14-15
两条余线继续按照图纸②做
出眼睛

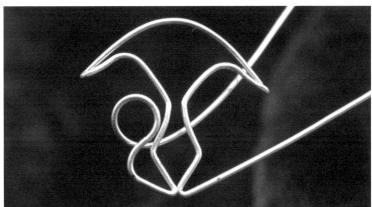

16

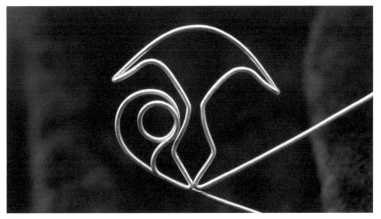

17

16
做出眼睛内圈的圆环，余线
压在轮廓线下。注意圆环的
直径不要大于 6mm，从正面
卡住圆形黑玛瑙

17
余线继续按照图纸②做出眼
睛外圈的形状

18
另一侧同样操作，注意对称

19
（背面图）余线折向鼻子的
背面（图中箭头处），多余的
线剪断

18

19

20
取一条 60cm 长的 0.25mm 细线，在图中箭头处起线，在眼睛的内外圈上做非对称 08 加线绕

21
绕满，多余的细线不要剪断

22
另一侧同样操作，多余的细线不要剪断，在步骤 42 中还会用到这两条细线

23
取一条 50cm 长的 0.25mm 细线，在鼻梁的两条线上做双线 0 字绕

24
过程中在眼睛的位置（图中圆圈处）做一个跳线

20

21

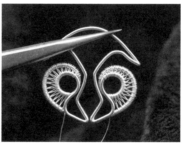

22

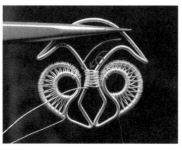

23

24

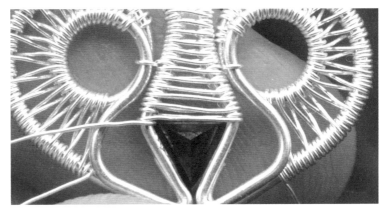

25

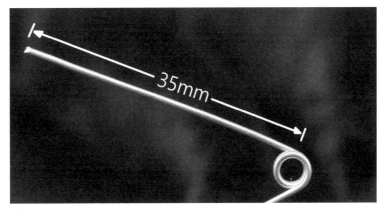

26

25
细线绕到可以卡住小三角形
宝石的位置，断线。结构②制
作完成

26
取一条 17cm 长的 S925 银
0.8mm 圆线，一端留出 3.5cm
的长度

27
留出线头，在 S925 线上做两
个 0 字绕

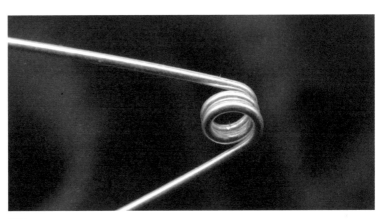

27

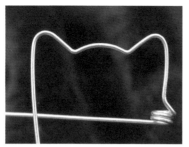

28

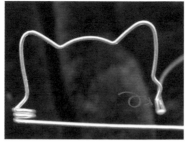

29

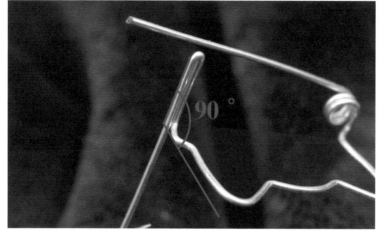

30

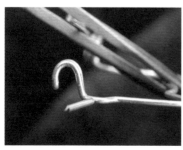

31

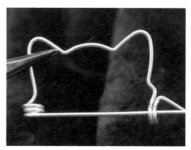

32

28

另一端按照图纸③做出造型，这段 S925 银线既是与框架一体化的胸针别针，也是耳朵外轮廓的装饰

29

做出耳朵外轮廓后，余线折向背面

30

立起来的线对折夹紧，做一段 1cm 长的立柱，使其垂直于耳朵外轮廓的面

31

立柱做一个弯钩

32

将别针别在弯钩里。结构③制作完成

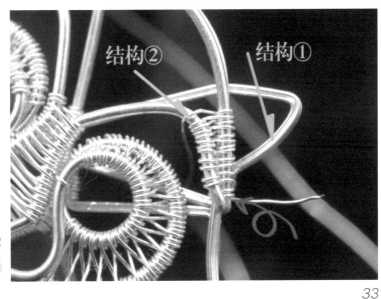

33

33

将结构①与结构②叠在一起，
结构②在上，结构①在下。取
一条30cm长的0.25mm细线，
从图中箭头处起线，在结构②
和结构①的眉毛区域做08绕

34

（侧面图）从侧面看，细线一侧
缠绕结构②眉毛处的线，另一
侧同时缠绕结构②和结构①头
顶处（图中箭头处）的两根线

35

细线将结构②和结构①固定在
一起，将大三角形宝石夹到两
层结构之间，细线能固定住大
三角形宝石后断线

36

另一侧同样操作，将两层结构
固定

37

增加结构③，将结构③叠在最
下层

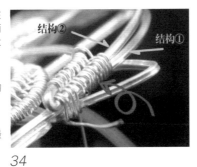

34

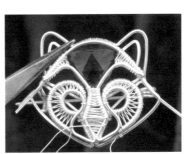

35

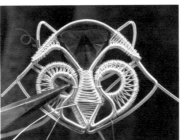

36

37

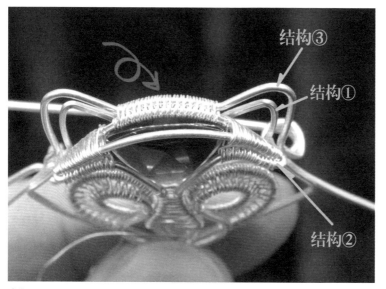

38

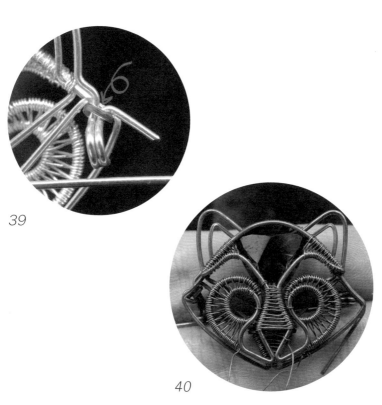

39

40

38

取一条 40cm 长的 0.25mm 细线，在结构③和结构①的头顶处（图中箭头处）做双线 0 字绕，将叠在一起的两条线固定在一起

39

（背面图）步骤 8 中的余线（结构①上剩下的粗线）在结构③的弯钩上（图中箭头处）做一个 0 字绕，使结构③和结构①更牢固

40

整体泡在做旧液中，线材表面变为黑色。做旧后的线材和后面增加的装饰线区分开来，黑色和白色的线材使得作品层次更加丰富，更贴合浣熊的形象

41

取两条 30cm 长的 0.25mm
细线，在耳朵的内外两层轮廓
做双线 0 字绕，绕满。将小三
角形宝石、黑玛瑙夹到两层结
构之间

42

步骤 22 中的两条细线余线在
结构①与结构②底部的两条线
上（图中箭头处）做 08 绕，绕
满后断线

43

另取一条 20cm 长的 0.25mm
细线，在图中箭头处起线，在
鼻子两侧的区域做非对称 08
加线绕，绕满后断线

41

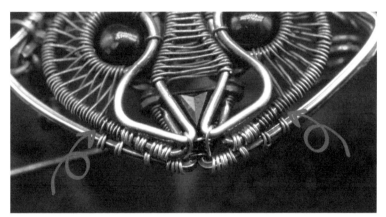

42

43

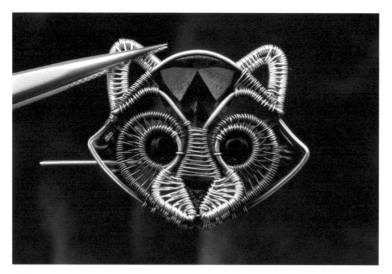

44

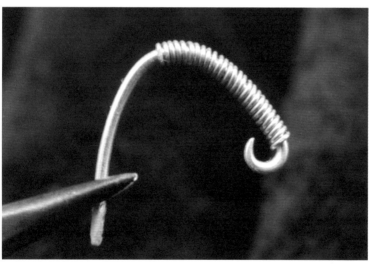

45

44
另一侧同样操作

45
取一条 5cm 长的 1.0mm 圆
线,线的一端剪成斜口,用锉
刀将断口打磨平整,做一个
小圆环。再用 0.6mm 圆线在
1.0mm 圆线上做一段 1.5cm
长的 O 字绕,做出眉毛的弧度

210

46
线的另一端从图中箭头处插入背面框架层

47
（背面图）背面可以看到这条银白色的线头

48
固定在背面的框架层上（图中箭头处）

49
另一侧同样操作，注意对称

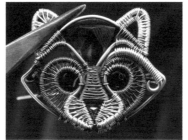
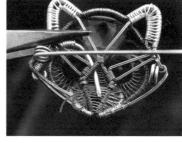

46

47

48

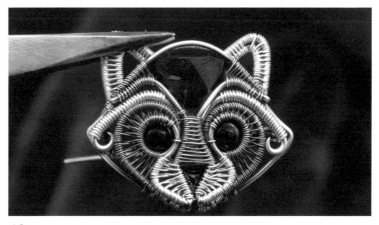

49

50

51

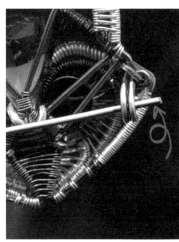

52

50
再取一条 30cm 长的 0.25mm
细线，在结构①的浣熊脸部下
侧的红线上做 0 字绕，绕满。
在图中箭头处与眉毛一同缠
绕，将眉毛固定。细线继续缠
绕，在结构③的别针圆环根部
缠绕几圈，加固结构③

51
（侧面图）侧面可以看到细线
在别针圆环的根部加固。别针
圆环这一侧的步骤 8 中的余线
（结构①上剩下的粗线）剪短，
向内转折夹紧（图中箭头处）

52
最后处理背面的别针

53

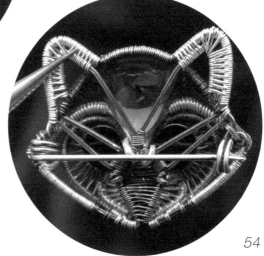

54

53
用剪钳将线头剪成斜口，用锉刀
将断口打磨平整，形成一个锐利
的尖头

54
调整别针的位置

55
这款胸针就制作完成了

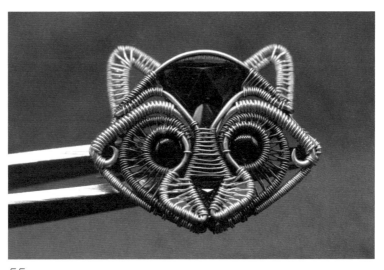

55

浣熊胸针将重工绕线的上下层结构运用在一个具象的设计上。上层装饰层上的细线在主线上做出多种绕法，将线转化成面，塑造形体，下层框架层上除固定余线外，还起到了固定宝石的作用，并形成胸针的结构。具象设计的难点在于对形体的塑造，每个结构都需要严格按照图纸还原，在组合各结构时还需要注意调整形态。具象设计的难度较高，大家需要通过大量的练习找到准确的形体关系。

作品欣赏

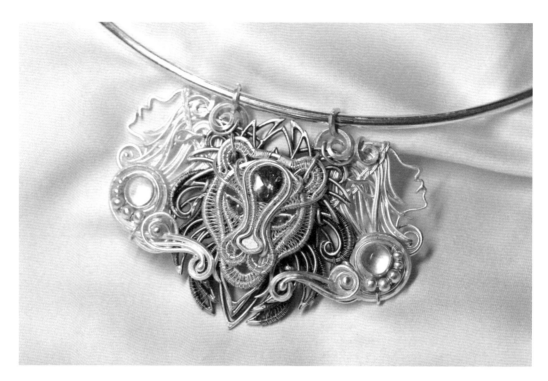

图书在版编目(CIP)数据

然艺的重工绕线首饰基础教程 / 然艺著. -- 上海:
同济大学出版社, 2022.3
(小造·物)
ISBN 978-7-5765-0170-4

Ⅰ.①然… Ⅱ.①然… Ⅲ.①首饰-制作-教材
Ⅳ.①TS934.3

中国版本图书馆CIP数据核字 (2022) 第039589号

然艺的重工绕线首饰基础教程

然艺 著

责任编辑:周原田
装帧设计:刘青
责任校对:徐春莲

出版发行:同济大学出版社
地址:上海市杨浦区四平路 1239 号
电话:021- 65985622
邮政编码:200092
网址:http://www.tongjipress.com.cn
经销:全国各地新华书店

印刷:上海雅昌艺术印刷有限公司
开本:720mmx1000mm 16 开
字数:285000
印张:14.25
版次:2022 年 3 月第 1 版
印次:2022 年 3 月第 1 次印刷
书号:ISBN 978-7-5765-0170-4
定价:128.00